# スギ大径材利用の課題と新たな技術開発

遠藤日雄／中村 昇／池田潔彦
永井 智／豆田俊治／村田光司
小田久人／坂田和則 共著

林業改良普及双書 No.179

# まえがき

スギ人工林の多くは、利用間伐を繰り返しながら長伐期化を図ってきています。その最終的な収穫目標ともなるスギ大径材が、一部では市場で敬遠されるという大変残念な状況が見受けられます。もちろん、これは林業側に原因があるのではなく、製材加工、利用といった川下側に原因がある話です。いずれ、大径材が素材供給の主流をなし、大径材を使いこなす製材加工システムが主流となれば、欧米林業先進国のように大径材が正当に評価される時代が来るのでしょう。ただ、それまでじっと待つわけにはいきません。いま、スギ大径材の問題をきちんと理解し、対応策や利用の活路を開く技術開発をどう進めていくかが問われます。本書では、そうした課題と解決策をまとめました。

無垢材としての価値は不変ですし、そうした価値を評価する市場は今後も継続する一方、木材需要の中身も変化してきています。住宅や公共建築の構造材のみならずリフォーム市場を含めた内装材まで、今後の市場を見据えた新たな加工技術開発にとりわけ期待が寄せられています。各地で技術開発が進むスギ大径材利用の加工・応用技術事例を本書では大きく取り上げました。

　解説編は、現在の大径材問題について、実態を整理し、課題や対策について、この分野に造詣の深い遠藤日雄教授に執筆いただきました。その中では、今後の対応策例としてリフォーム市場での需要を注目しつつ、新たな製材システムの提案、さらには速効対策としての海外輸出等についても言及していただいています。

　研究開発事例編では、スギ大径材の壁材、床材にむけた厚板加工、梁加工、2×4部材、仕口加工などの加工技術、強度性能のそれぞれの事例を技術開発担当者に執筆いただきました。

　さらに、角材、心去り構造材等の乾燥技術、効率的な製材システムなど、実用面で欠かせない技術開発事例についても、それぞれの担当者に執筆いただきました。

　スギ大径材の活用策について、短期的解決策、中長期的解決策の検討と実用化に向けた技術開発の参考資料として本書を活用していただければ幸いです。

　本書取りまとめに当たりましては、都道府県の林業普及担当部局、関係機関にご協力いただきました。本当にありがとうございました。

平成27年1月　全国林業改良普及協会

目次

## 大径材より採材した幅広厚板等を活用した“積層接着合わせ梁材”の開発　62

静岡県農林技術研究所　森林・林業研究センター木材林産科長　池田潔彦

兵庫県立農林水産技術総合センター森林林業技術センター
木材利用部主任研究員　永井　智

## スギ大径材から製材した心去り構造材の乾燥技術研究
## ―曲がり等材質と乾燥条件　127

宮崎県木材利用技術センター副所長兼材料開発部長　小田久人

# 徳島県産スギ大径材からのツーバイフォー部材の強度性能調査　146

徳島県立農林水産総合技術支援センター次世代林業戦略担当上席研究員　坂田和則

# 解説編

# 大径材問題のカギ―その実態・課題・対策

鹿児島大学教授
遠藤　日雄（えんどう・くさお）

## かつての大径材は役物製材が中心

大径材問題とはなにか？　その実態を明らかにするために、まず最初に、かつての大径材と本書で問題にする大径材とは、どこがどう違うのかについて考えてみましょう。

写真1をご覧ください。1955（昭和30）年頃の天然秋田スギ丸太の木取りの一例です。樹齢200年前後、末口径70cm以上の堂々たる大径材です。年輪幅が揃い、木目が細かく、強度に優れていました。まさに銘木です。高級内装材、天井板などに製材され、全国各地で高値で取り引きされていました。

**写真１　天然秋田スギ丸太の木取りの一例**
出所：協同組合秋田銘木センター『二十年の歩み』、1991年

天然秋田スギは１９６０（昭和35）年頃には３万㎥／年も伐採されましたが、以後、減少の一途をたどり、２０１２（平成24）年度をもって国有林からの供給が中止されました。

天スギの供給量が減少すると、国有林野特別経営事業（１８８９〜１９２１〈明治22〜大正10〉年）で造林されたスギが伐採され始めました（写真２）。天スギに馴染みの深かったスギ材産地秋田では、この造林スギを「造杉」とか、ひどいときには「草同然」と蔑んでいましたが、どうしてどうしてご覧のように良質大径材でした。

１９７０（昭和45）年代後半には、その尺上丸太から「スギ割角」（正式名称は「造杉心去り修正挽き役割角」）が製材され（写真3）、これまた高値で取り引きされていました。ちなみに「役」とは、無節、柾目などの化粧性の高い製材品のことで、木造軸組工法住宅の柱、長押、鴨居、回り縁など「見えがかり」に使用されます。当時の尺上スギ丸太価格も10万円／㎥前後の高値で売買されていました。

このように銘木クラスの大径材や良質大径材から役物を製材する方法は、秋田に限らず、木曽ヒノキなど他の有名産地にも共通してみられたことです。役物需要は１９７９（昭和54）年の第２次オイルショックの頃から縮小し始めましたが、それでもバブル経済の頃まで、依然として高値で取り引きされていました。しかし、バブル経済崩壊後のデフレや阪神淡路大震災を契機として、住宅建築の有り様がそれまで「役物」が幅をきかせていた真壁工法から大壁工法へと大きく転換すると、「役物」の出番が確実に減り始めました。それに伴って良質大径材の生産量も減っていきました。

以上のように、かつての大径材とは役物を中心に製材し、しかも真壁工法の「見えがかり」部材とセットになっていたため丸太も製材品も価格が高かったのです。

写真２　国有林野特別経営事業造林スギ丸太

写真３　スギ割角（「造杉心去り修正挽き役割角」）

## 高価格の良質大径材、低価格の戦後造林スギ大径材

以上をデータで補足しておきましょう。図1は1986（昭和61）年の宮崎県森連日南共販所の径級別スギ丸太価格です。ご覧のように太くなるにつれて価格が上昇しています。1986年という年は、「プラザ合意」（G5によるドル高是正のための合意）の翌年で、日銀による公定歩合の引き下げがバブル経済の呼び水になる気配を漂わせていた頃です。新設住宅着工戸数の増加を背景に役物需要も旺盛でした。スギ大径材の価格が高かった理由です。ところがバブル経済が崩壊し、日本が「失われた10年」に入ると様相は一変します。図2は同じ日南共販所の2008（平成20）年の径級別スギ丸太価格です。末口径級20～22cmをピークとして、それ以上太くなると丸太価格は下がり始めます。図1とは明らかに異なった価格形成パターンです。

これは、大径材から役物を製材していた時期の価格形成パターンが図1であるのに対して、図2はスギ並材（後述）時代に入ってからのパターンだからです。もうおわかりと思いますが、本書で問題にしているのは図2のスギ大径材です。太くなっても丸太価格が上がらない大径材

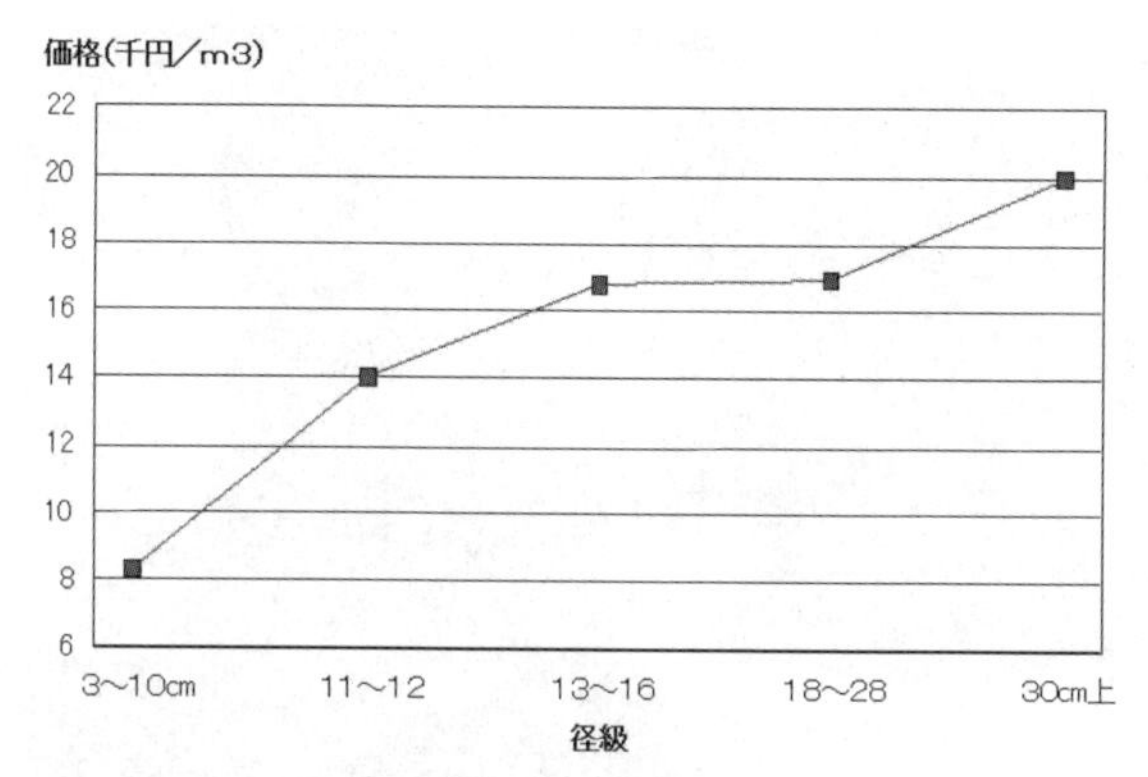


図１　径級別スギ丸太価格（宮崎県森連日南共販所）
資料：宮崎県森連共販速報（1986年４月12日共販）

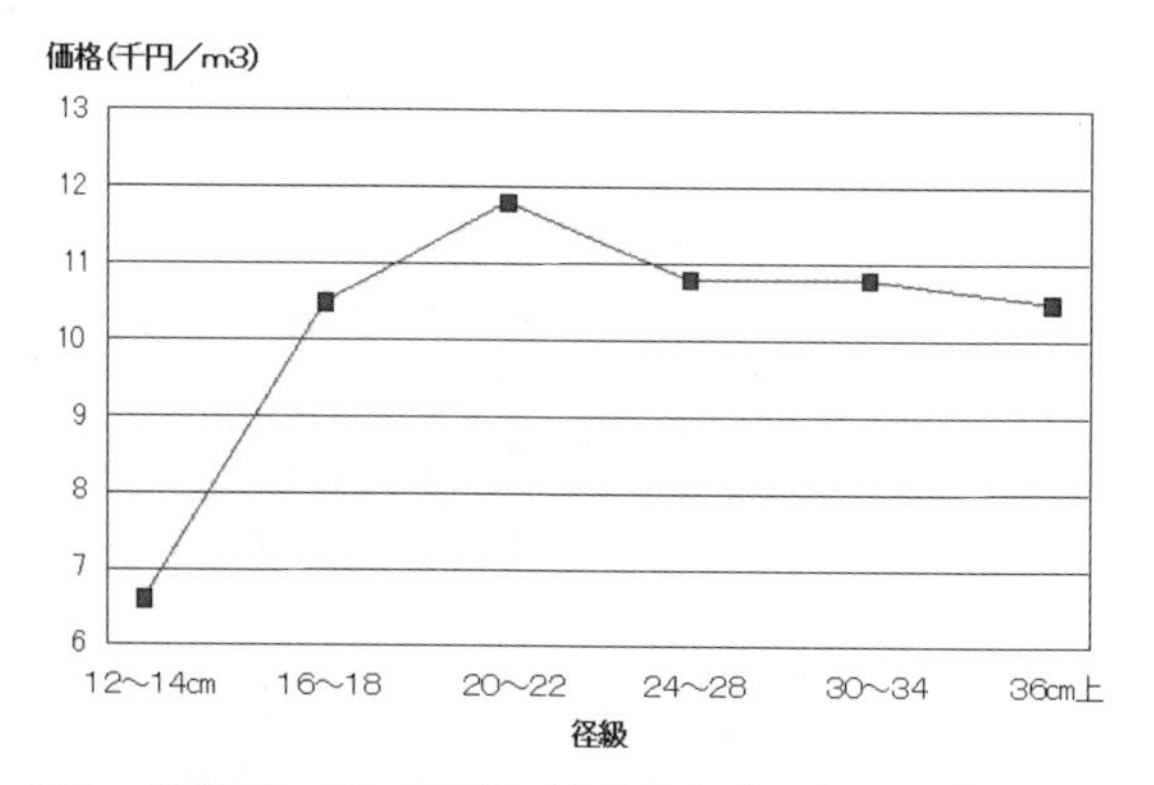


図２　径級別スギ丸太価格（宮崎県森連日南共販所）
資料：宮崎県森連共販速報（2008年１月28日共販）

写真４　スギ大径材の伐採
出所：黒田仁志

のことです。

そのスギ大径材の大部分は、戦後の拡大造林地で間伐をして出てきた太い丸太です。具体的には、人工林面積（１０３５万ha）の４割を占める戦後造林スギの大径材といってさしつかえないでしょう。例えば写真４は、宮崎県耳川流域のスギ大径材の伐採風景です。これで45年生です。チェーンソーマンの体つきからみても大径材であることがおわかりでしょう。こうしたスギ大径材が九州を中心に増加傾向にあるのです（後述）。

## 「スギ中小径木をツインバンドで製材」が森林・林業政策の基調

ではなぜこのような事態が発生したのでしょうか。私は以下のように考えています。

かつての大径材製材による役物需要が急減した１９９０（平成２）年代前半、それに取って代わるかのように、戦後の拡大造林によって造成された人工林が間伐期から主伐期にさしかかり、伐採された丸太（その大部分がスギ）が市場で流通するようになりました。戦後の拡大造林は１ha当たり３０００本前後のスギやヒノキを植栽し、以後、成林に至るまで下草刈り、除間伐、枝打ちなどの施業を実施するわけですが、１９７０（昭和45）年代に入ると国産材丸太は安価な外材輸入に押され競争力を著しく低下させてしまいました。その結果、森林所有者による手入れが不十分になり、粗放な森林施業になりました。そのため出材された丸太も節が多く、年輪幅も不揃いなものが多かったのです。このため１９８０（昭和55）年代後半から90年代前半にかけて、このようなスギ丸太に対してスギ並材という呼び方が与えられたのもこうした理由によるものです。

また当時出材されたスギ並材丸太を末口径級別にみると、13㎝下の小径木と14～28㎝の中丸太が全体の８割近くを占めるという試算結果が出されました。そして何よりも重要なことは、今後（当時からみて）長伐期への方向がやや進んだとしてもスギ並材の中心はこの中小径木であることに変わりないという見方が支配的だったことです。この背景には、戦後造林スギを40～50年伐期で皆伐していこうという考え方が強かったことがあります。

そして、こうしたスギ並材（中小径木）を製材する方法がツインバンドソーシステムでした。外材（特に米ツガ）との競争を視野に入れ、低コスト・省力化ラインで量産していく製材システムです。ノーマンツインバンドソーが出始めたのも90年代初めでした。つまり、大量に出材が予想されるスギ並材（中小径木）をツインバンドソーで製材して国産材の需要を拡大していくというのが当時の森林・林業政策の基調でした。１９８０（昭和55）年代後半から始まった地域林業政策やその後の流域管理システムでは、林業構造改善事業を利用してツインバンドソーシステムを採用した製材工場が全国各地に開設されました。

## 皆伐から「長伐期」へ政策転換

ところが１９９０（平成２）年代後半に入ると、日本の森林・林業は以前に増して苦難を強いられるようになりました。1985（昭和60）年の「プラザ合意」によって創出された「円高・ドル安」を背景に外材輸入量が増加し、日本の森林・林業は厳しい国際競争を強いられてきましたが、90年代後半に入ると、デフレの様相が強まる一方で、北欧、中欧からホワイトウッド（欧州産トウヒ）が大量に日本に輸入されて、スギは市場競争力を低下させてしまいました。こうした競争力の低下はスギ丸太価格下落をもたらし、90年代後半に入ると1万5000円／㎥（平均価格）を割るようになりました。この頃からです、皆伐跡地の再造林放棄が始まったのは。国（林野庁）はこうした深刻な事態を避けるため、皆伐をできるだけやめ、間伐を繰り返しながら主伐期を80年程度に延長（標準伐期齢の倍と言うことでしょうか）する「長伐期」化へと大きく転換していきました。

その後、さらに間伐が進みます。京都議定書の第1約束期間における森林吸収源の目標に向けて施行された「間伐等推進法」（2008〈平成20〉年）によって2012（平成24）年まで間伐が進み、第1約束期間については年平均55万haの間伐目標を達成しました（材積で2008年度368万㎥→2009年度423万㎥→2010年度443万㎥→2011年度486万㎥→2012年度521万㎥〈林野庁業務資料〉）。この間伐対策自体に反対する人は少ないと思いますが、間伐後の残存木の具体的な生産目標（例えば、かつての吉野林業のように密植・多間伐によって良質大径材を生産するような）を明示せず、二酸化炭素の吸収源対策としての間伐だったことが、スギ大径材利用の遅れに関係したことは間違いありません。

それでも当時の間伐はⅦ齢級以下の、人工林施業マニュアルに沿った間伐が大部分でしたが、森林法改正（２０１１〈平成23〉年）に伴なう新たな森林経営計画では、60年生以下の間伐が造林補助金（森林環境保全直接支援事業）の対象になりました。60年生と言えば、間伐材でも大径材です（写真４が45年生ですから）。しかもそれは搬出間伐制度によって売れようが売れまいが市場に出てくるのです。

間伐というのは、本来、人工林の価値を高め、残存木を高値で販売することが目的なのですが、皮肉なことに価格が上がらず、結果として残った大径木のほうが安くなるという、森林所有者にとってはなんのために間伐を実施してきたのか、やりきれない気持ちになります。

## 末口径36㎝以上は極端に値下がり

スギ並材丸太価格が太くなっても決して高くならないことは17頁の図２で示したとおりですが、近年ではさらにその傾向が強くなっています。

24頁の図3は宮崎県森林組合連合会都城木材流通センター（共販所）の径級別スギ4mの価格を示したものですが、ご覧のように、36cm上になると極端に値落ちしてしまいます。2013（平成25）年秋口から、消費税増税に伴う住宅の「駆け込み需要」によって、丸太価格は強含みで推移しましたが、それでも36cm上になると価格がダウンしてしまいました。40cm上に至っては原木市売市場で競（せ）りにかけても応札がなく、不落物件になるケースが多くなっています。

さらに厄介なことは、スギ大径材の出材量が年々増えていることです。図4は大分県日田市森林組合共販事業に占める末口径級30cm以上の材積割合の推移です（30cm以上には36～38cm、40cm上も含まれています）。12年前の2002年は7・9％であったものが、2013年9月では16・4％に増えています。同組合の森林経営計画樹立率は100％ですから、間伐の推進に伴って、今後、ますます大径材が増えてくることは必至です。

したがって、本書で問題とするスギ大径材をもっと絞り込むと、末口径36～38cm、40cm上のスギ丸太と特定してもかまいません。

ここでは日田市森林組合と都城共販所を例示しましたが、九州の他の県も同様の傾向をたどっています。さらにスギは図5のように、本州の北から南まで分布しています。これらの地

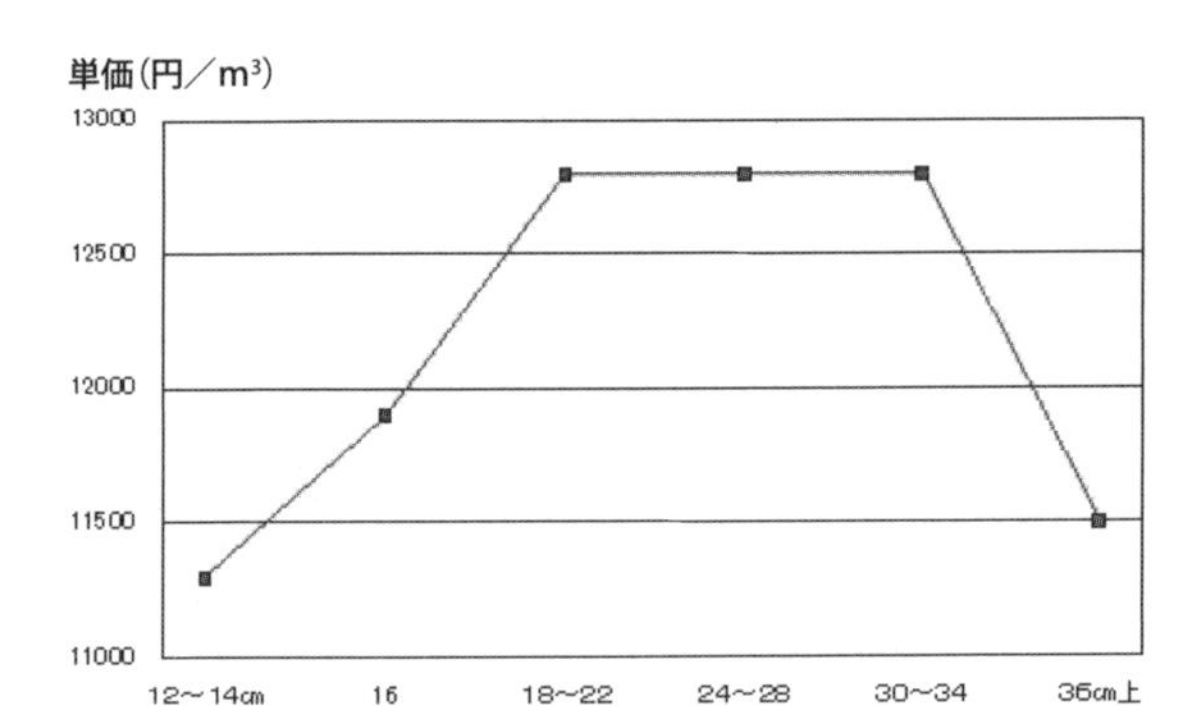


図３　径級別スギ丸太価格
資料：宮崎県森林共販速報（都城共販所。2013年９月21日共販）

写真５　買い手のいない戦後造林スギ大径材

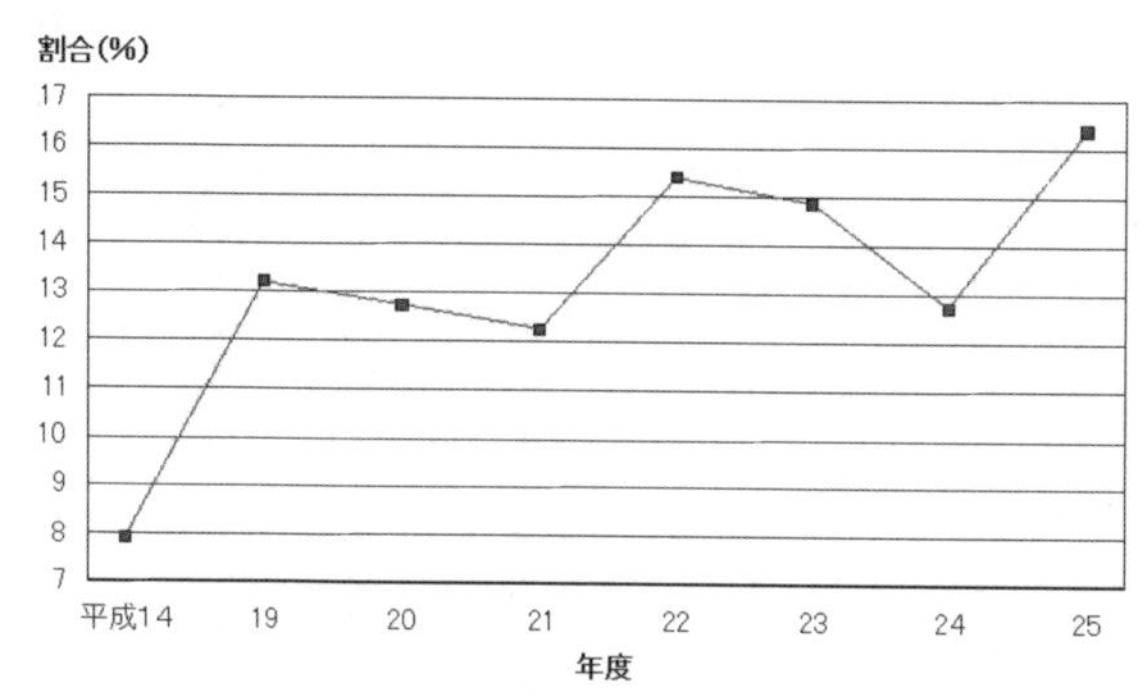


図4　日田市森林組合共販事業（スギ）に占める末口径30㎝上の材積割合の推移
資料：日田市森林組合調べ

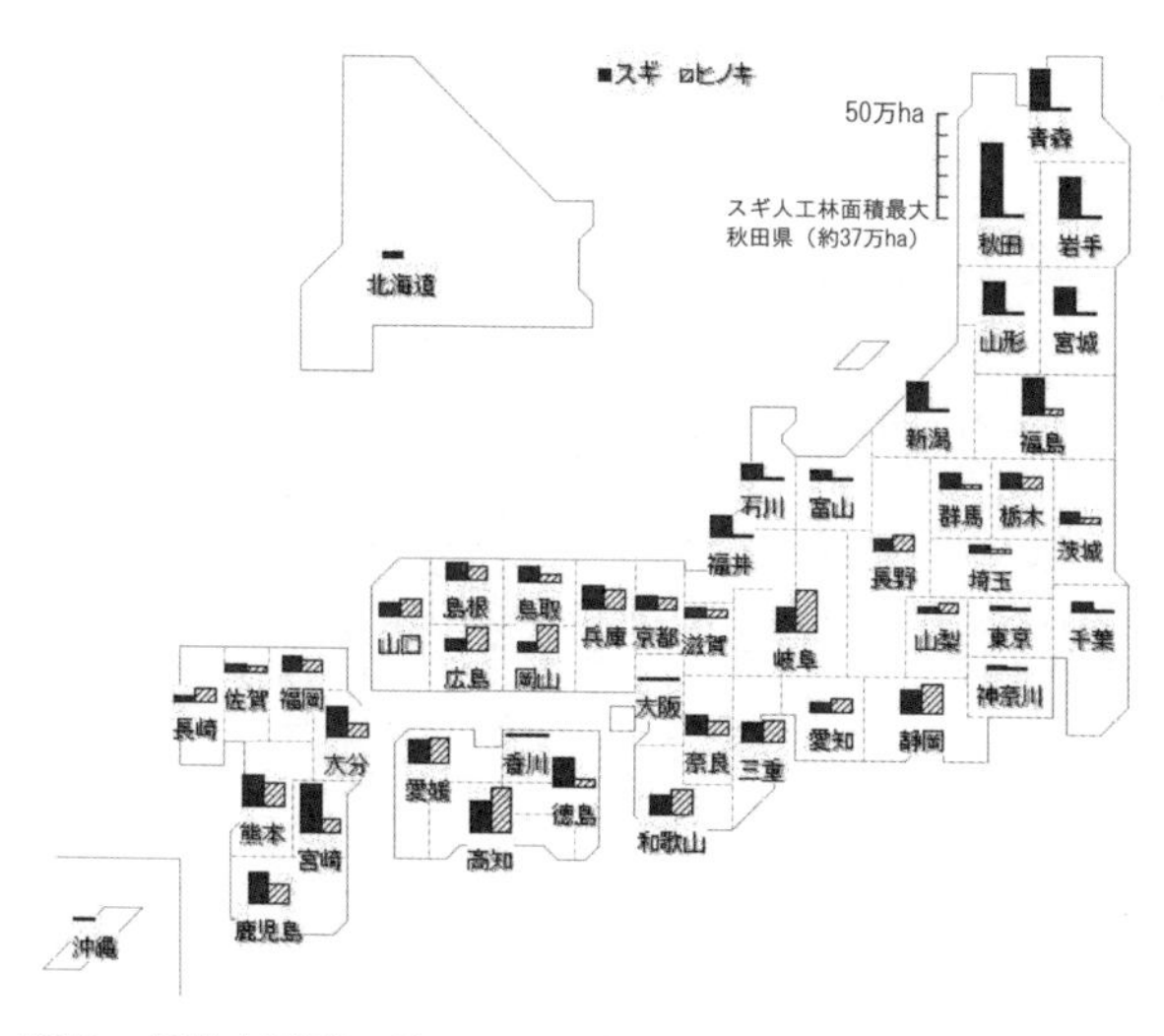


図5　都道府県別スギ、ヒノキ人工林面積
出所：林野庁業務資料（注　2012〈平成24〉年３月31日現在）

域でも、そう遠くない時期に大径材の出材量が増えることは間違いありません。

## スギ大径材は今後爆発的に増える!?

図6は現在のスギ人工林の齢級配置です。仮にこのまま間伐を繰り返していったとすると、図7のように40年後には大径材が爆発的に増えていく可能性があります。

ただし、これはあくまで可能性です。というのも第一に、大径材は適切な間伐が実施された林分から出材されます。間伐されていない林分はモヤシのようにヒョロヒョロした林木が多いことは周知のとおりです。したがって、こうした適切な間伐が実施されている林分がどの程度存在しているのか、それを確かめる必要があるのですが、なかなかデータが明らかにされていないのが実情です。実際九州では、伐境が里山から次第に奥地化するのに伴って、間伐の行き届いていない林分が増え、一斉皆伐して再造林するケースが増え始めました。

第二は、都道府県のなかには、逼迫する丸太需要に対応するために素材の増産体制を政策として打ち出し始めたところがあります。なかには島根県のように、皆伐跡地の再造林を義務づけたうえでの皆伐支援策を打ち出しているケースも出てきました。

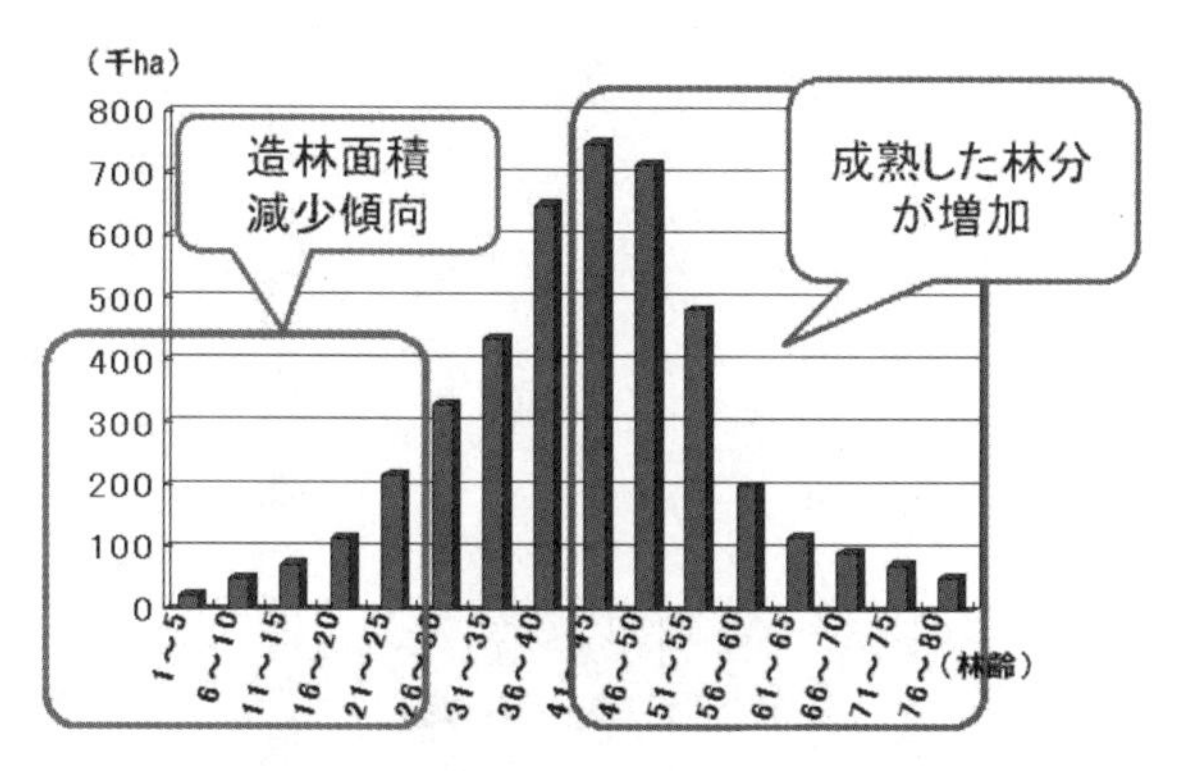


図６　スギ人工林の齢級配置（現在）
出所：林雅文原図

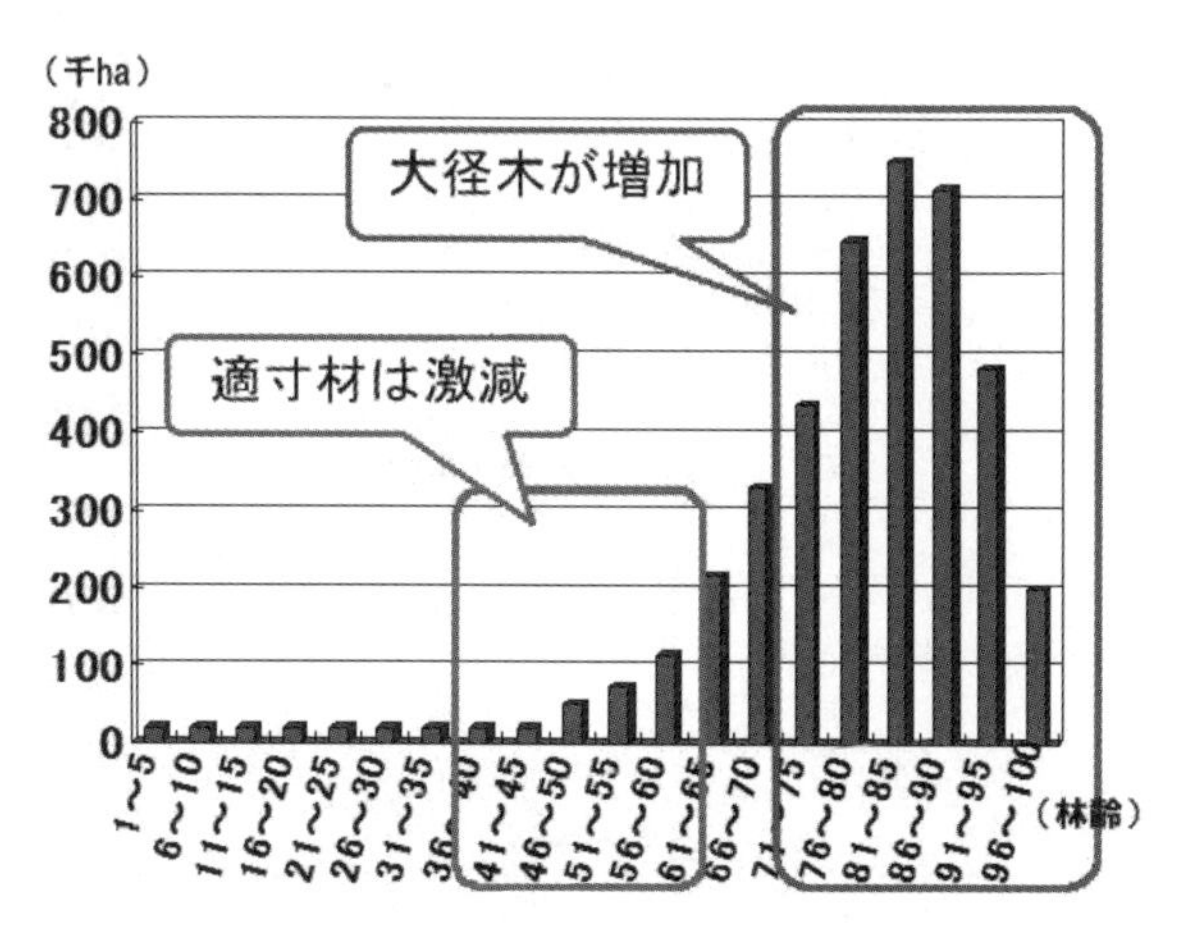


図７　スギ人工林の齢級配置（40年後）
出所：林雅文原図

したがって、今後、スギ大径材が「爆発的に」出てくるか否かについては、データに基づいた検討が必要だと思います。しかし、当分の間はかなり出てくることは間違いありません。

## なぜ大径材の用途（需要）は少ないのか

次に、なぜ大径材の用途（需要）が少ないのかを整理してみましょう。

第一はハード面からの理由です。前述のように日本の国産材製材工場、とりわけ量産工場の多くでは、スギ並材（中小径木）をツインバンドソーで挽くシステムが採用されています。このシステムではスギ大径材は太すぎるし重すぎて製材が難しいのです（図8）。前述のように、間伐後に出てくるはずの大径材を利用する製材システムを欠落させたまま間伐が推進されたからです。したがって、今後は大径材を効率良く挽ける製材システムの開発が必要になってきます。製材機械メーカー各社も、産地から寄せられる大径材問題を重く受け止めて、新たな製材システムの開発に取り組んでいるようです。どのようなシステムが考えられるのかについては、後の対策のところで言及したいと思います。

第二は、大径材は末口と元口の差が大きいため、製材歩止りが悪いのです（図9）。特に元（一

図8　ツインバンドソーでは製材が難しいスギ大径丸太

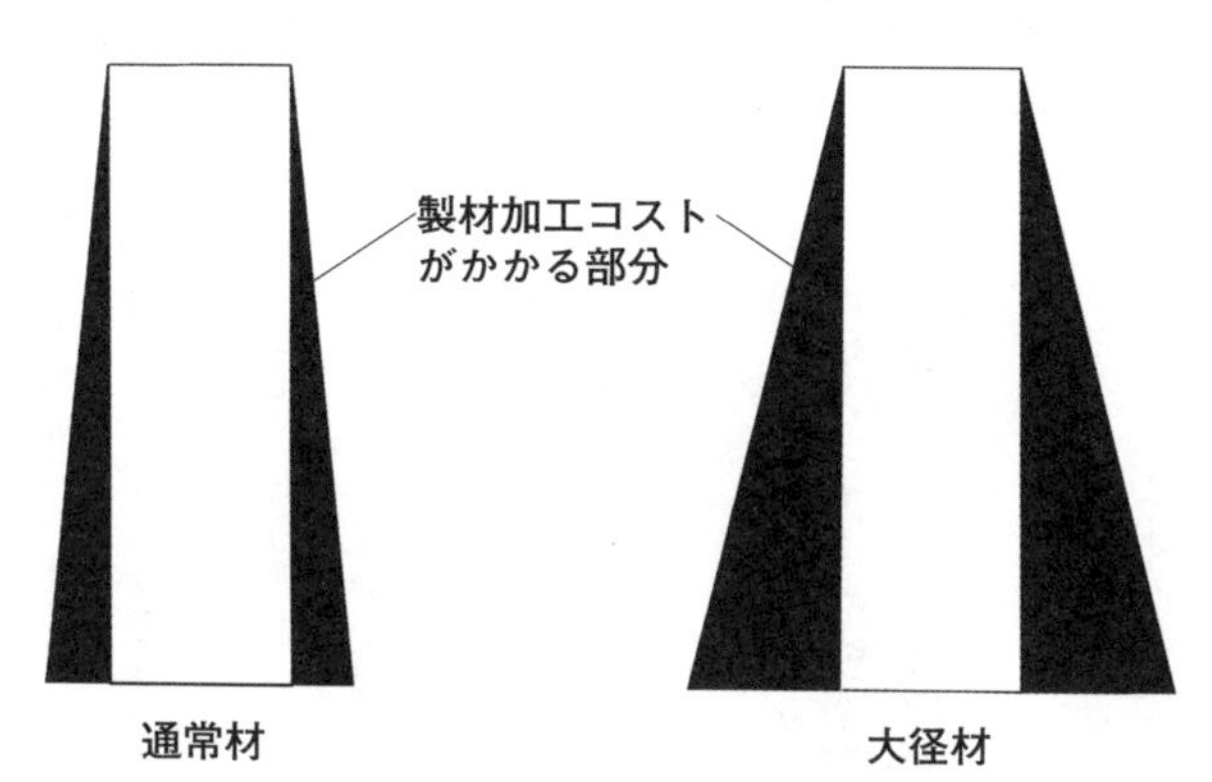


図9　製材歩止りが悪い大径材

写真6　スギLVLの柱とスギ集成平角

番）玉の根バチは製材する際、あるいは合板製造用のロータリーレースにかける際には厄介です。

第三は、住宅部材として集成材、LVL、合板などの利用が多くなったことです。写真6は柱がスギLVL、梁はスギ集成材です。このようなエンジニアードウッドが普及すると、あえて大径材を製材して使う意味が少なくなりました。

## 合板メーカーもチップ製造業からも敬遠されるスギ大径材

ではこのほかの使い道の可能性はどうなのでしょうか。まず、これまで南洋材などの大径材を原料にして合板を製造してきた合板メーカーでこの大径材を利用してもらえる可能性はないのでしょうか。新栄合板工業㈱（熊本県水俣市）で取材したところ、次のようなことがわかりました。

合板製造工程として、まず丸太をリングバーカーに乗せて樹皮を剥きます。このリングバーカーを通る丸太であれば、次のロータリーレースで単板を製造できます。そのリングバーカーは完全円筒型で直径80㎝まで加工が可能です。

そこで新栄合板は、合板用丸太の受け入れ基準を次のように設定しています。すなわち直材で直径65㎝まで、矢高の基準は長さ４ｍに対して10㎝としています。それなら40㎝上の丸太も難なく利用できるのではないかと思うかもしれませんが、実は次のような難点があるのです。同社は、丸太の末口径40㎝よりも元口を重視します。特に元（１番）玉の場合は根バチがあるため（写真７）、これをチェーンソーで落としてからリングバーカーに乗せて樹皮を剥かなければなりません。なんとも生産効率が悪い。２番玉ならいいのでしょうが、こちらは直材ですから製材工場へ向けられるケースが多いのです。

もう一つは、合板の品質管理上、大径材は扱いにくいのです。というのも、戦後造林スギ大径材になると年輪幅が粗くなります。単板の一番厚いものでも３㎜くらいですが、それを超え

写真７　スギ大径材の根バチ（18頁写真４の伐倒木）
出所：黒田仁志

る年輪幅も珍しくないそうです。したがって単板にした場合、強度の確保が難しくなります。加えて、ドライヤーで乾燥した場合、乾燥効率が悪いし（特に写真のように黒心部分が多いと含水率が高いため乾燥コストが嵩みます）、しかも乾燥後に「暴れ」が生じるケースが多々ありクレームの対象になりかねない。というわけで、大径材は合板メーカーでも敬遠されがちです。

では、チップの原料としての用途はどうでしょうか。研修会やシンポジウムでスギ大径材問題が話題になると、使い道がないならチップにして木質バイオマス用燃料にしたらどうかという意見が出ることがあります。間伐を繰り返した結果の大径材をサーマル利用にしてしまうという意見には賛成できませんが、大径材をチップ化するのは必ずしも難しいことではありません。

大手チップ製造会社㈱南栄は熊本県を中心に六つのチップ工場（固定式）でチッピングをしていますが、スギ大径材のチップ加工を行っています。チッパに入るのは45～70㎝ですが実際は曲がっている丸太が多く、チッパにかける前処理としてチェーンソーで玉切りし、さらに木材スプリッターで割ってからチッパに投入しています。ただ、スプリッターは高額なのでそれが製造コストにオンされます。ご存じのように製紙用チップは安価で製紙メーカーに納入されますから、できるだけコストがかからない効率的なチップ製造が求められます。チップ製造業にとっても大径材は必ずしもウェルカムでないようです。

## 今後の対策

以上、大径材問題の実態・課題について整理してみました。そこでその締めくくりとして、今後の対策について考えてみましょう。その場合、これからの木材需要がどのように推移していくのかを考えておく必要があります。

２０１４（平成26）年４月に消費税が従来の５％から８％にアップしました。それに伴って「住宅の駆け込み需要」が発生し、２０１３（平成25）年度の新設住宅着工戸数は対前年度比10・６％増の98万７２５４戸と久しぶりに１００万戸に迫る住宅が建ちました。しかしその反動減で、26年度上期の着工戸数は前年同期比３・４％減の43万５７７７戸にとどまりました。

さらに２０１５（平成27）年10月に10％アップするのかどうか議論が分かれていますが、かりに実施時期が延期されたにせよ、10％にアップした場合、その前に今回よりも規模は小さいにしても「駆け込み需要」が発生するでしょう。

問題はそれ以降です。人口および世帯数の減少、住宅の長寿命化（国交省の「長期優良住宅」の推進など）に伴って新設住宅着工戸数が減少することが予想されています。例えば、野村総合研究所の「ニュースリリース」は、２０２５年の新設住宅着工戸数は62万戸に減少すると予測しています。その一方で、住宅リフォーム市場はそれほどの落ち込みがないだろうとの予測を示しています。

団塊世代が30歳代にローンを組んで建てた家もそろそろ４半世紀が経ちます。建て替えをするのかリフォームにするのか。また団塊ジュニア以降の若年層が家を建てるのか、賃貸住宅にするのか予測が難しい面があります。

ただはっきり言えることは、仮に将来リフォーム市場が拡大した場合、従来の中小径木のツインバンドソーシステムでは、こうした需要に弾力的に対応することは難しいということです。例えば、リフォームの場合、垂木や胴縁1本でも即納する必要が生じてきます。少品目量産製材ではなかなか対応できないでしょう。

ここでヒントになるのが、スギ大径材の小割製材です。一例をあげましょう。宮崎県日南地域は、かつては飫肥林業として名声を馳せた弁甲材（木造船用材）の産地です。弁甲材生産が目的ですから、1ha当たり1500本程度の植栽本数で大径材を仕立てていました。しかし木造船用材が1970（昭和45）年代に入ると急速に需要が減少してしまい、建築用材として使うようになりました。

その日南のある製材工場では写真8のように、大径材をツインの台車に乗せて製材しています。製材品の多くは小割製品として、沖縄のマンション用小割として販売しています。

戦後造林スギの大径材は、目粗材が少なくありませんが、精度や乾燥などの品質管理がしっかりしていれば問題ありません。また仮に強度の面で問題があるにしても、小屋組（屋根の構造を形成する骨組みのこと）の母屋、ヌキ、垂木などに使えばだいじょうぶです。

また、スギ大径材から平角を製材したり、並割角（冒頭に紹介した役割角ではなく）の製材

写真８　台車挽きされるスギ大径材

なども考えられます。戦後造林スギ大径材は目粗だという声も聞かれますが、強度測定や乾燥などの品質管理がしっかりしていれば問題はありません。

## どのような製材システムが考えられるか？

以上のことを念頭に、今後の製材システムのあり方について私見を述べてみます。第一は、国際競争力を具備する必要があります。そのためには製材生産性の高さが求められます。外材を国産材に置き換えるような製材システムとなると、やはり一定の厚みを高速で挽けるような製材システムが必要です。ただ、末口径36～38cmとか40cm上になりますと丸太の重量が重いため、それに見合った強固で巨大な製材システムにならざるをえませんが、コストパフォーマンスの視点からいかがなのものでしょうか。

第二は、先述のように、人口や世帯数減少に伴って戸建て住宅着工戸数が減ることは必至です。そのため公共建築物へ国産材を利用していくことも求められています。さらに、これからの製材システムのあり方を考える場合、木質バイオマス発電（熱利用も含めて）事業も視野に入れていく必要があります。つまりスギ人工林のカスケード利用の視点を設定する必要があるということです。

またこれも前に述べましたが、今後、皆伐が増えていく可能性が大きいでしょう。となると、今後増えていく皆伐の中から出てくるA材～D材、あるいは小径木、中径木、大径木をいかに効率良く製材していくかがポイントになります。そのなかに36cm上とか40cm上という大径材を位置づけていくべきじゃないでしょうか。

このように考えると、大径材だけを専門に挽くような製材システムは、投資効果からいってもリスクが大きいような気がします。ですからツインソーに少し幅を持たせ、「ＡＢＣＤ」あるいは大径木・中径木・小径木に対応できるような弾力性をもった製材システムのほうがベターではないでしょうか（チップキャンターをシステムのヘッドに備えた欧米型の製材システムも含めて)。

国産材製材の歩止りは50%が一般的と言われます。ところが残りの50%で付加価値の高い活用ができていないのが国産材製材の泣き所です。これを克服するためには、バーク(樹皮)、おが粉、チップの利用効率を上げることが必要です。

現在、国の森林・林業政策の基本をなす間伐中心の素材生産で、仮に半分(50%)が搬出されて、その丸太が製材されたとすると、その製材歩止りは50%です。したがって森林資源利用率は25%にしかなりません。これまで国産材製材業はこの枠組みで外材と競争してきました。しかし木質バイオマス発電を受け皿に森林資源を100%利用できれば、丸太コストは半分になり、製材歩止りは倍になるはずです。こうしたことも視野に入れた製材システムが必要です。

## スギ大径材の需要を海外に

ただこうした新たな製材システムが世に出るにはまだ時間がかかりそうです。それまで手をこまねいているわけにはいきません。別な方法で大径材を需要に結びつけていく必要があります。その具体的な対策は本書の中で提起されていますので、ここでは海外輸出を事例に紹介し

表１　木材輸出戦略協議会の国産材丸太の海外輸出実績

単位：㎥

| 年度 | 樹種 | 径級別 | | | | 合計 |
|---|---|---|---|---|---|---|
| | | 14cm～ | 34cm下 | 36～38cm | 40cm上 | |
| 2011年 | スギ | | 1,244 | 40 | 566 | 1,850 |
| | ヒノキ | 2,840 | | | | 2,840 |
| | 合計 | 2,840 | 1,244 | 40 | 566 | 4,690 |
| 2012年 | スギ | | 1,391 | 543 | 868 | 2,802 |
| | ヒノキ | 3,575 | | | | 3,575 |
| | 合計 | 3,575 | 1,391 | 543 | 868 | 6,377 |
| 2013年 | スギ | | 2,463 | 26 | 212 | |
| | ヒノキ | 4,097 | | | | 4,097 |
| | 合計 | 4,097 | 2,463 | 26 | 212 | 6,798 |

資料：木材輸出戦略協議会調べ（注　2013年度は９月までの実績）

写真９　中国へ輸出される末口径40cm上の丸太（鹿児島県志布志港）

て稿を閉じたいと思います。

ここ1～2年、九州を中心に国産材丸太の海外輸出量が急増しています。その一つとして、曽於地区（鹿児島県）、南那珂・都城（宮崎県）の県境をまたいだ3森林組合で構成する木材輸出戦略協議会が志布志港からスギやヒノキ丸太を中国や韓国に輸出しています。その実績を示したのが表1ですが、スギ丸太の場合、36～38cm、40cm上の占める割合が大きいことがわかります。2011（平成23）年度の場合、スギ輸出量1850㎥に占める36～38cmの割合は2・3%、40cmは30・6%、同様に、2012（平成24）年度は19・4%、31・0%となっています。40cm上のスギ大径材が3割を占めています。スギ大径材は主として中国へ輸出されていますが（写真9）、棺桶用の板に製材されているということです。

いずれにしても、川上と川下が連携しながら、スギ大径材の用途開発とその需要開発に積極的に取り組むことが期待されています。

参考文献

1）　スギ並材研究会．１９９０．『ＳＵＧＩ・情報ネットワーク―並材のフロンティアを求めて―』．

2）協同組合秋田銘木センター．１９９１．『二十年の歩み』．
3）伊地知美智子・遠藤日雄．２０１０．「スギ大径材の有効利活用に関する研究」．『鹿児島大学農学部演習林研究報告』．第37号．
4）「遠藤日雄・鹿児島大学教授が読み解く大径材問題のカギ—実態・課題と対策」．２０１３．『現代林業』12月号．

# 研究開発
# 事例編

# スギ厚板を用いた耐力壁、床構面等の開発

秋田県立大学木材高度加工研究所教授
中村　昇（なかむら・のぼる）

図1に、秋田スギ原木市場価格（工場着価格㎥当円）の推移を示します。2012（平成24）年12月あたりを境に、価格に下げ止まり感がありますが、消費税増税後一旦下げるものの、ここに来て上昇しています。径級別で見てみると、2012（平成24）年から、24～28㎝のいわゆる中目材の価格が高くなり、30～34㎝A材よりも高い価格で推移しています。

一方、同じ径でもB材はA材の約1割安です。これは参考文献1)に示すように、宮崎県と同様の傾向です。秋田県では今なお3～7齢級の面積が多いものの、材価の低迷から長伐期となり、今後高齢級の材が生産されることが予想され、大径材をどのように利用していくかは、秋田県のみならず、全国共通の問題となります。

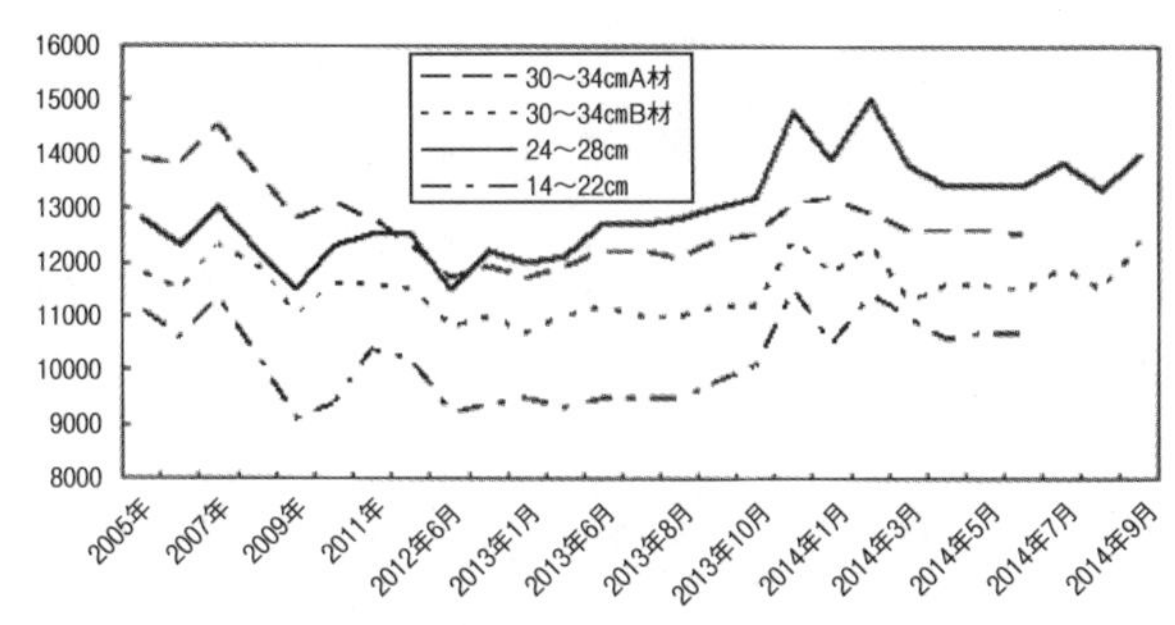


図１　秋田県内における径級別スギ原木価格の推移

本稿では、高齢級の大径材の利用の一例として、厚板を用いた住宅用材について紹介します。

## 大径材を活用したスギ厚板開発の経緯

高樹齢の大径材の中でもこれまで利用が低位であった曲材等の原木（いわゆる「B材」）の活用を目的に、２００８（平成20）年３月４日に秋田スギ厚板活用研究会が設立されました。この研究会は、前年に、能代市内の林業・木材関係者や製材・加工、さらには建築設計、住宅建設など川上から川下までの業界が結集して準備をしていたものです。

研究会設立の趣旨は、能代市の木材産業を木造住宅の部材生産から一歩進めて、住宅産業として位置づけ、蓄積量の豊かな秋田スギの大径材を活用した、能代型住宅の供給システムの確立・構築を目指すものです。そのため、産業界を中心として、秋田県立大学木材高度加工研究所などが支援する形の産官学で構成されました。

## なぜ、厚板なのか？

秋田スギは高樹齢で大径材が多いことが他産地には見られない特色の一つです。しかしながら、節の大きさや死節・抜け節、ガニクサレ（トビグサレ）などの欠点材が少なくないことから、中小径木ほどには利用が進んでいません。かつて旺盛であった芯去り割柱や天井板、建具材など、いわゆる「役物」の需要が縮小し、昨今はむしろ大径材の有効利用が地域の林業・木材産業にとって大きな課題となっています。

厚板は、根太・垂木・間柱・床・壁材等、用途が多様で、枠組壁工法用材・集成材用ラミナへの転用も容易であり、乾燥も早く、また、寸法・形状・仕様の単純化により、共同出荷体制が形成しやすいという利点があげられます。つまり、在来軸組構法住宅を基本としながら、これまで2×4材が代替していた間柱や屋根垂木に秋田スギ厚板（厚さ30～45㎜）を用い、幅はぎなどで面材タイプとした板を床・壁・屋根パネルとしたり、場合によっては柱の断面を欠いて板を落とし込んだりする使い方なども可能です。

林業サイドでは、先述したように秋田スギの30㎝上のB材が売れ行き不振で価格も伸び悩んでおり、その使い道を広げることによって、山元へ利益還元も可能にしていくと考えられます。また、厚板は建築部材として求められる乾燥という性能には、角材よりも断面が小さくなることで時間や消費エネルギー量の削減が図れ、コスト低減だけでなく、環境に対する優しさもアピールできることが認識されます。そこで、実際に厚さ30㎜および45㎜の厚板を用いた、壁、床、屋根の開発を行いました。

## 厚板を用いた耐力壁の開発

秋田スギ原木の供給システムの構築、製材木取り、強度試験、乾燥試験などを行い、データの収集を進め、日本住宅・木材技術センターの木造住宅合理化認定システムの認証を得て、ユーザー向けに品質の良さ、性能の良さを訴えていくことを計画しました。そこで２０１０（平成22）年度には、委員から提案された秋田スギ厚板を用いた8種類の耐力壁および2種類の床に対し、せん断試験を行い、壁倍率および床倍率を求めました。

しかし、建築基準法にない仕様での実用化は無理であることから、翌２０１１（平成23）年度には、８種類の壁の中から一つを選び、国土交通省大臣認定を取得することとしました。この耐力壁は、図２および図３に示すような四周を欠いた厚板を、柱と間柱間、間柱と間柱間にはめ込み、外周を釘打ちするものです。厚板をはめ込むことにより、地震や風などの外力に抵抗させることを意図したものです。

施工図を図４に、日本住宅・木材技術センターで認定のために行った試験の様子を写真１に示します。このように、大きく変形しても破壊に至らず、非常にねばり強い耐力壁であり、壁倍率は２・１になりました。この耐力壁の壁倍率は、構造用合板よりは低いですが、落し込み板壁の倍率０・８の約３倍となります。

ところで、当初は、耐力壁に用いる厚板の枚数を３枚（幅は間柱間で約３０３㎜）で計画しましたが、製材の現場からはこのような幅の厚板は無理ということで、図２に示す寸法となりました。写真１に示したように、水平力に対する耐力壁の変形は、板と板の間ですべりが生じ、板の数が多くなればなるほど大きな変形となってしまいます（54頁写真３参照）。板の枚数が少ない方が壁倍率が高くなったと思いますが、今となっては致し方なしです。

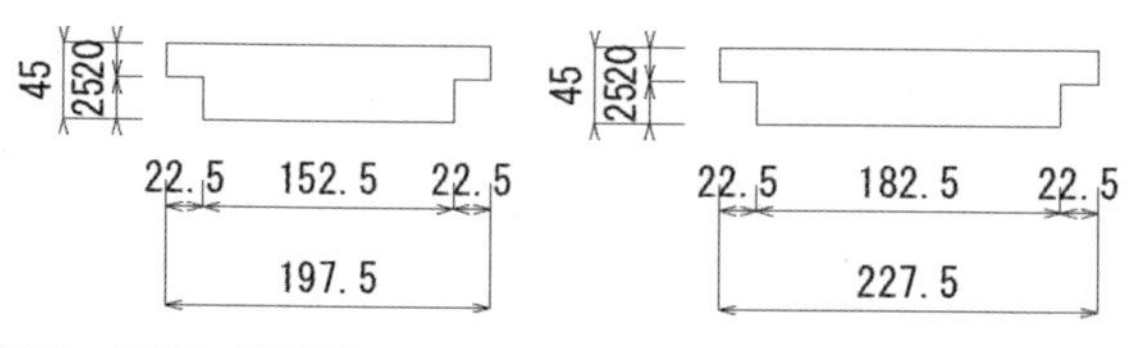


図２　厚板の断面図

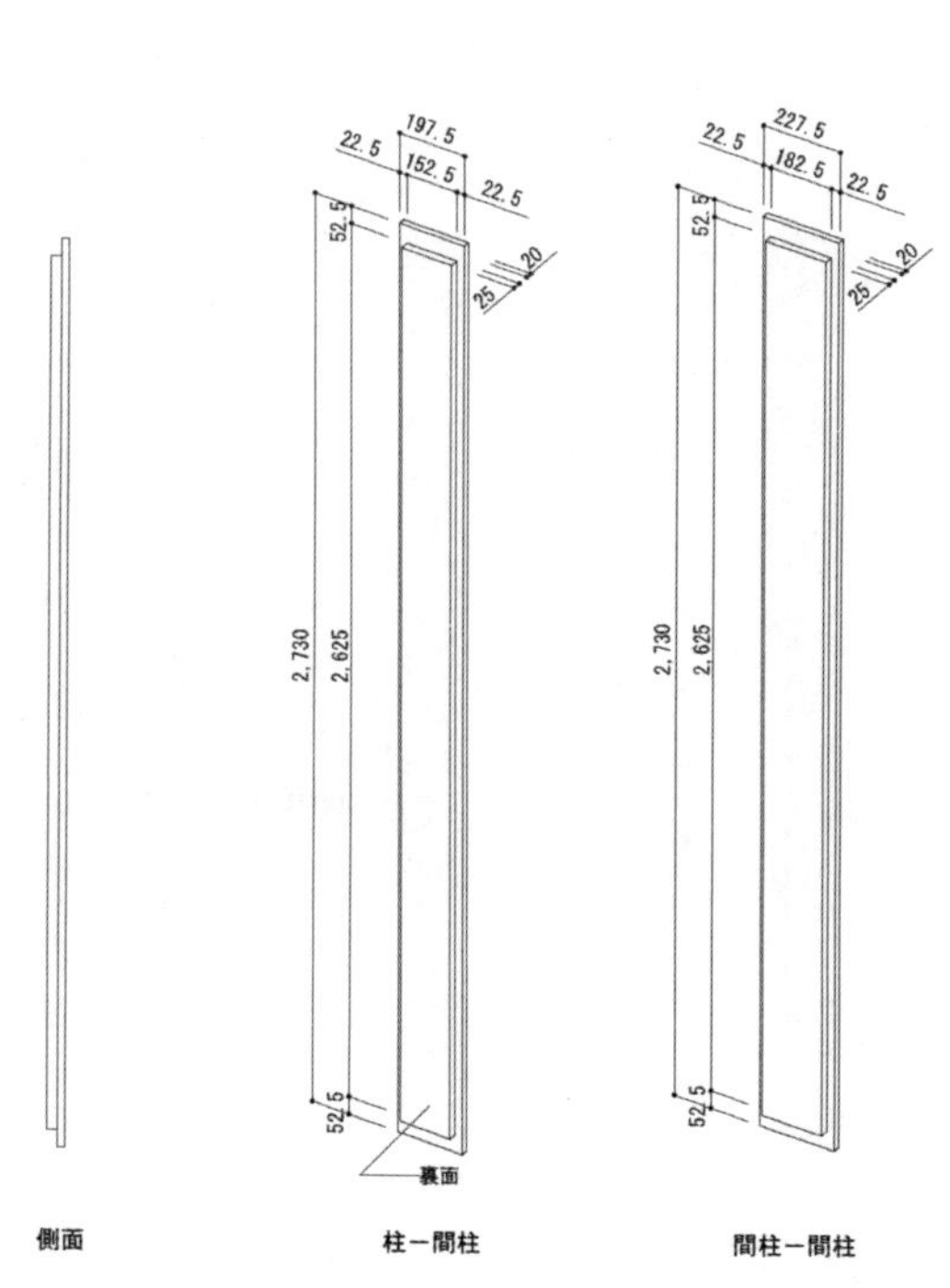


図３　スギ板の形状詳細（mm）

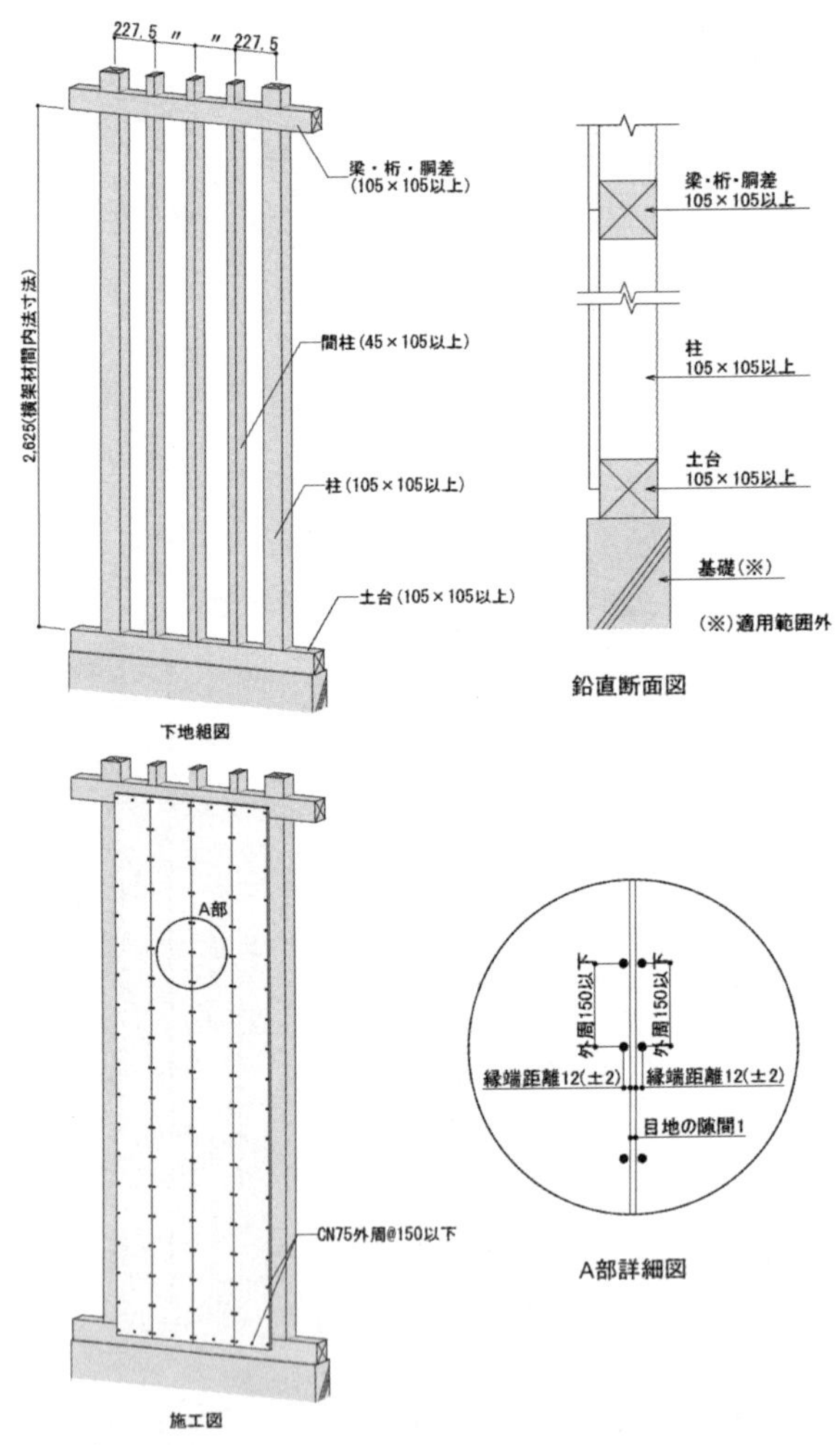
227.5
〃
〃
227.5
梁・桁・胴差
(105×105以上)
2,625(横架材間内法寸法)
間柱(45×105以上)
柱(105×105以上)
土台(105×105以上)
下地組図
梁・桁・胴差
105×105以上
柱
105×105以上
土台
105×105以上
基礎(※)
(※)適用範囲外
鉛直断面図
A部
CN75外周@150以下
施工図
外周150以下
外周150以下
縁端距離12(±2)
縁端距離12(±2)
目地の隙間1
A部詳細図

図４　厚板の施工図

写真１　厚板を用いた軸組板壁のせん断試験における大変形

## 厚板を用いた床構面の開発

床は、図5および写真2に示すように、大梁、桁、小梁に、上述した厚板を根太として掛け、その間に図3（49頁）に示した四周を欠いた厚板をはめ込み、釘打ちした仕様です。試験体は、ＣＮ75（2×4工法用ばら釘）を200㎜ピッチで打ち付けたものです。

　長手方向を支持し、中央に錘を載加し、中央のたわみを測定することにより、鉛直力に対す

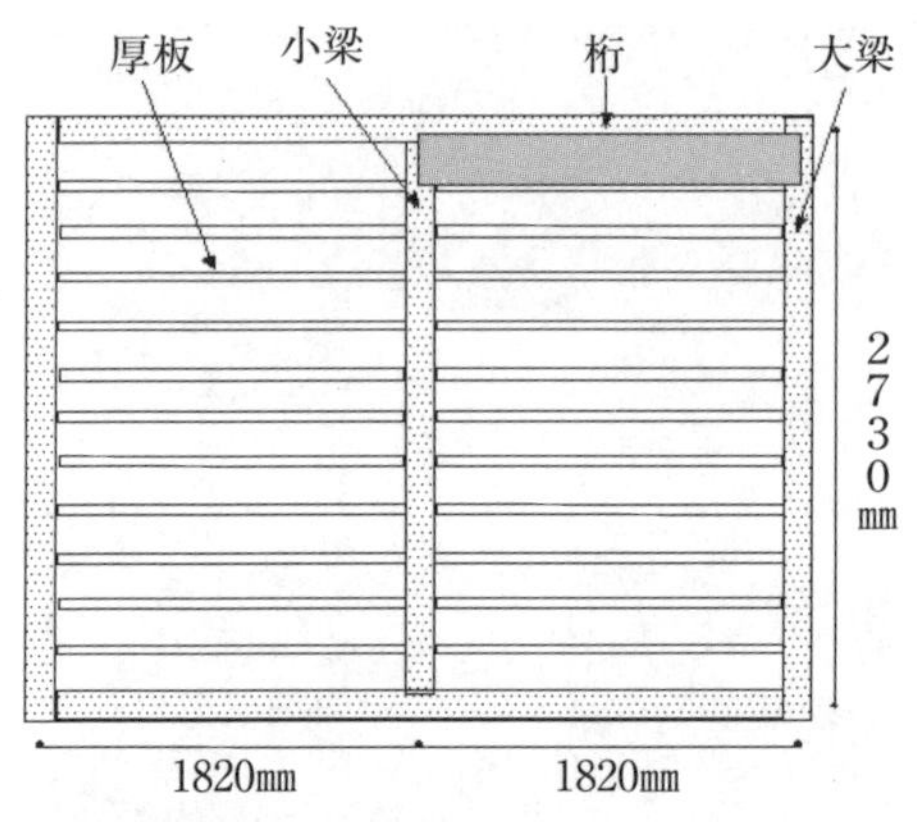


図５　厚板を用いた床の仕様

写真２　板床のせん断試験

る床の剛性を求めました。たわみは3カ所で測定し、平均値から剛性を算出しました。算出した剛性より、積載荷重を1800N／㎡とした場合のたわみ量を求めると、6・98㎜となり、スパンの600分の1である6・07㎜よりも少し大きめの値となりましたが、問題はないと考えられます。

また、写真2に示す床構面の長尺方向に水平力を加えることにより、せん断試験を行いました。試験体は1体だけですが、特性値から床倍率を求めると2・28となりました。床の変形は、写真3に示したように、耐力壁と同様で主に厚板間のすべりによって生じました。破壊は、写真4に示すように、桁の接合部の破壊であり、大変形になっても床自体には大きな破壊は生じないことを確認しています。

## 厚板を用いた屋根構面の開発

屋根は、写真5に示すように、上述した厚板を四周は欠かずに、垂木に用いる仕様です。このように垂木に厚板を縦使いし、その間に断熱材を充填すると、厚板のせい（高さ寸法）だけの断熱材を充填することになります。したがって、天井の施工なしに、極めて高断熱となり、

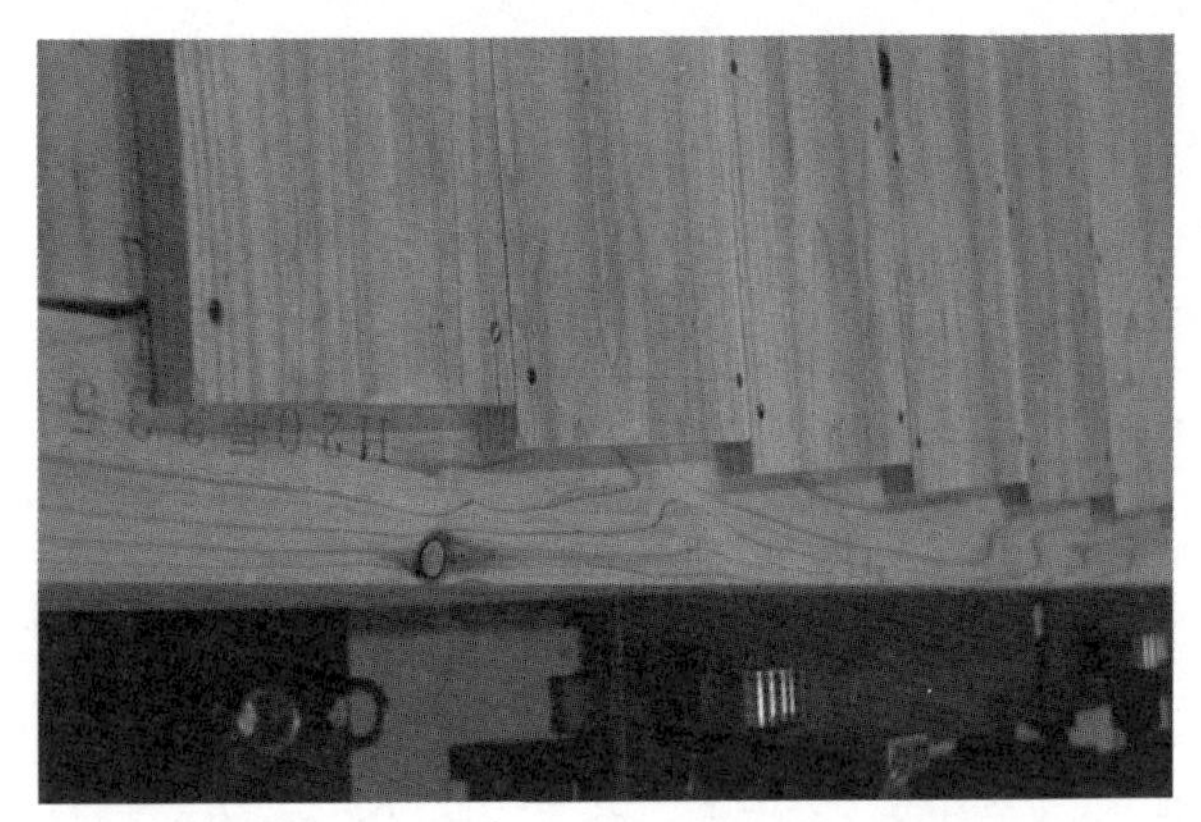

写真３　厚板同士のすべり

写真４　桁の破壊

写真５　厚板を垂木に用いた屋根

写真６　棟木と垂木、垂木同士の接合（あおり止め金物、短冊金物）

住宅の省エネ性を高めることが期待できると考えられます。

写真6に示すように、桁および棟木との接合にはあおり止め金物を、また、垂木同士の接合は短冊金物を用いました。

せん断試験は、長手の方向から水平力を加えることにより行いました。試験装置の都合上、桁を破壊してしまい、倍率は1・26となりましたが、実際には桁は破壊しないであろうことから、もっと高い倍率が得られると考えられます。

## 今後の展開と課題

### 類似の製品の市場価を鑑み、値段を付けるべき

秋田スギ厚板活用研究会は、地場材活用住宅供給検討委員会に引き継がれ、現在は厚板の活用の他、スギ心材の土台への適用を目指しています。2012（平成24）年度には、上述した壁、床、屋根を用いたモデル建築物を建て、施工性やコストの計算、温湿度などの住環境を調べ、実用化に向けた取り組みを行っていくことを予定していました。

また、これらの知見を基に検討委員会での助言や指導に沿って実施設計を行い、マニュアル

化して、設計者や実務家がそれぞれの設計・建築によって、地域材部材や地域型住宅の開発・普及を進めることを計画していました。住宅部材分野への地域材利用シェアの拡大を図ることは、「文化としての地域性」を表現することになると考えていました。

しかし、事業は途中で頓挫してしまいました。

本稿で紹介した寸法の板は市場にはないため、市場価がわからず、製造を依頼した製材工場では、製造プロセスでかかったコストをそのまま積算したため、市場に流通する板材に比べ、単価が高価なものとなってしまったためです。

最初に述べたように、22～24㎝の中目材に比べ安価な原木を使っているにもかかわらず、なぜ厚板は高くなってしまうのかという疑問が寄せられました。市場にないものを生産すると、ロットが小さく、当然コストも高くなることが想像されます。しかし、売ろうとするものを、かかったコストをそのまま積算してしまうと、製品価格も高くなり、競争力がなくなってしまうのは当然です。試作品なのだから、高くなって当然と考える向きもあります。また、どれくらいの価格で売るかを地場材活用住宅供給検討委員会で議論しなかったのも問題でした。しかし、類似の製品の市場価を鑑み、値段を付けるべきではなかったでしょうか？　それが、製品開発、物を売るという姿勢ではないのかと思います。お叱りを受けるのを承知で言えば、製材業界は新しいことを思考せず、これまでと同じような製品を生産していれば良いという姿勢を感じました。これが第一番目の課題です。

## 厚板の寸法とＪＡＳ規定寸法の異なり

もう一つの課題はＪＡＳでした。

厚板は、根太・垂木・間柱・床・壁材等、用途が多様、枠組壁工法用材・集成材用ラミナへの転用が容易であると前述しました。ここで紹介した事業でも、枠組壁工法用材への用途を考えました。しかし、スギ材はＳ―Ｐ―Ｆ材に比べ弱く、厚さや幅を大きくしないと、ヤング係数や耐力が足りないため、利用できるスギ材は限られてしまいます。

一般的に根太に使われているＳ―Ｐ―Ｆ甲種２級の曲げ基準材料強度（ＭＯＲ）に、断面係数Ｚおよび基準弾性係数（ＭＯＥ）に断面二次モーメントＩを乗じた値と、得られたスギ厚板材の曲げヤング係数8・０ＧＰａおよび強度18・０ＭＰａにＩおよびＺを乗じた値を表１に示しました。これより、板材の寸法を45㎜×２４０㎜とすれば、Ｓ―Ｐ―Ｆの値を上回ることがわかります。また、曲げヤング係数８・０ＧＰａおよび強度18・０ＭＰａの板材は、ヤング係数が８・０ＧＰａ以上の丸太から、８割得ることができます。つまり、丸太の段階でヤング係

表1　S-P-Fとスギ厚板材の寸法と曲げ性能

| 樹種 | 等級 | 寸法型式 | 基準材料強度 | 基準弾性係数 | 曲げ耐力（N・mm） | 曲げ剛性（N・mm²） |
|---|---|---|---|---|---|---|
| S-P-F | 甲種2級 | 210材（38×235mm） | 14.7（Mpa） | 9.6（Gpa） | $5.14\times10^6$ | $3.95\times10^8$ |
| スギ | － | 45×240mm | 18.0（Mpa） | 8.0（Gpa） | $7.78\times10^6$ | $4.15\times10^8$ |

数を基に仕分けすることにより、より効率的に必要な板材を得ることが可能となります。

ここまで来て、ＪＡＳの取得が問題となります。厚板の寸法とＪＡＳで規定されている寸法が異なり、枠組壁工法用のＪＡＳ材として認められないということがわかりました。寸法の許容差が異なるならいざ知らず、材そのものの寸法が異なると枠組壁工法用材ではなくなってしまうと言うのは、理不尽ではないでしょうか？　スギ材が枠組壁工法用材として用いられているのは、現在枠材だけです。しかし、スギ材の枠組壁工法用材への広範な利用を考えると、根太への利用も考えられます。ＪＡＳにおける寸法規定を改めないと、スギ材の枠組壁工法用材等への広範な利用は難しいのではないでしょうか。

## 最後に―どうやって売れる商品に仕上げるか

写真7に、これまで紹介した厚板を3層積層した集成材を示しました。厚さ45㎜、幅180㎜、240㎜、300㎜、長さ4mの厚板を、フィンガージョイントせずに、通しラミナとして3層積層接着したもので、縦使いで梁・桁として住宅用に用いることを指向したものです。強度試験をした結果、3体ではありますが、E75―F240の等級に相当することがわかりました。これは2009（平成21）年度の事業でしたが、製品化には至りませんでした。一方、2010（平成22）年度の事業で、ほぼ同じ3層の集成材を製品化[2),3)]しているところもあります。

板の寸法も同じであり、曲げ性能もあまり変わりません。実験は1年早く実施しているのに、他県で製品化ができて、どうして秋田県でできないのでしょうか。新しいものを提案しても、価格が高いから売れっこない、そんなことをしてどうなるのか？などといつも言われます。世の中にないものをつくるのですから、売れるかどうかなんて誰もわかりません。提案されたものをもとに、みんなでワイワイガヤガヤとあれこれ考え、売れる商品に仕上げていくことが醍

写真7　厚板３層の集成材

醐味であり、それが楽しいと思うのです。
それとともに、開発は企業が中心とならなければならないと感じます。研究者が中心となると、企業にとってはどうしても他人事になってしまうのではないかと思うからです。

参考文献

1）伊地知美智子・遠藤日雄．２０１０．スギ大径材の有効利活用に関する研究．鹿児島大学　演習林研究報告．37，79―92．
2）江間忠ウッドベース㈱．平成22年度森林整備加速化・林業再生事業実施報告書「貼り合わせ梁材の開発」．
3）http://www.emachu.co.jp/holdings/laboratory.html（２０１４．10）

# 大径材より採材した幅広厚板等を活用した〝積層接着合わせ梁材〟の開発

静岡県農林技術研究所 森林・林業研究センター木材林産科長
池田 潔彦（いけだ・きよひこ）

## 開発に至る背景

静岡県では、スギ・ヒノキ人工造林が他県よりも約10年早く始まり、10齢級（林齢46年生）以上の林分が70％を占めるなど成熟期を迎えています。今後、それらの森林からは中・大径材の生産増が見込まれ、木造住宅用の梁桁など主要な建築用材の原料として、量的に十分に供給できる状況になっています。更に、静岡県産のスギは、材質や強度が全国と比べて優れているという特徴・利点を活かして、中・大径材から梁桁など大断面の建築材の生産増が期待できます。

しかし、現状では、国（県）産材は、外材と比べて製品の生産効率化・安定供給や、原料特性を活かし品質・性能向上が図られた新たな製品等の開発が不十分であることから、建築・消費者側ニーズへの対応が遅れています。

このため、木造建築用材に占める県産材の使用比率は低位な状況にあり、特に木造建築に使用される部材で材積割合が大きく高い強度が求められる梁桁部材では、国（県）産材の使用比率が10％以下と極めて低い状況にあります。また、静岡県内の住宅メーカー・工務店では梁桁部材に北米産のベイマツ製材（54％）や欧州産の輸入集成材（42％）が使用されています。近年では、特にプレカット加工過程での不良率削減と施主からのクレーム回避の観点から、無垢製材よりも集成材の使用率が高く、乾燥性能や寸法安定性等の信頼性が高いことが主因と思われます。

これまで、木造住宅の梁桁部材にスギ材の利用が進まなかった主要因として、①原料となる中・大径原木が少なかったこと、②外材のベイマツや輸入集成材と比べて、特に強度が不明確、乾燥が難しいなど、製品の品質・性能面で、プレカット加工側、設計・施工者側に懸念のあったことが挙げられます。このため、今後、梁桁部材へのスギの利用を促進するには、強度や乾燥などで信頼性の高い製品を製造する必要があります。

　このため、静岡県農林技術研究所森林・林業研究センターでは、新成長戦略研究「木造建築用材を外材から県産材に転換する製品創出技術の開発：平成23〜25年」を実施して、スギ等の県産材を原料とした梁桁の利用促進に向けて、原木から製品に至る効率の良い製造管理技術の確立と、付加価値・価格競争力のある新たな製品の開発を行いました。

## 積層接着合わせ梁とは（製品の特徴）

　積層接着合わせ梁は、中・大径原木から製材した挽き板を、材内部まで所定の含水率までに乾燥した後、プレナー等で厚30〜60㎜、幅１８０〜３９０㎜に仕上げ、従来の集成材原料であるひき板よりも幅広で厚い板を原料とします。それらの板２〜４枚を従来（輸入）の集成材と異なる方向に積層・接着した、木造住宅等の梁桁部材として利用できる新しい構造材料です（写真１、表１）。

　積層接着合わせ梁は、現行の集成材ＪＡＳに適合する規格（同一等級構成と異等級対称構成）があります。このため、ＪＡＳ工場認証を取得することで、積層接着合わせ梁をＪＡＳ製品と

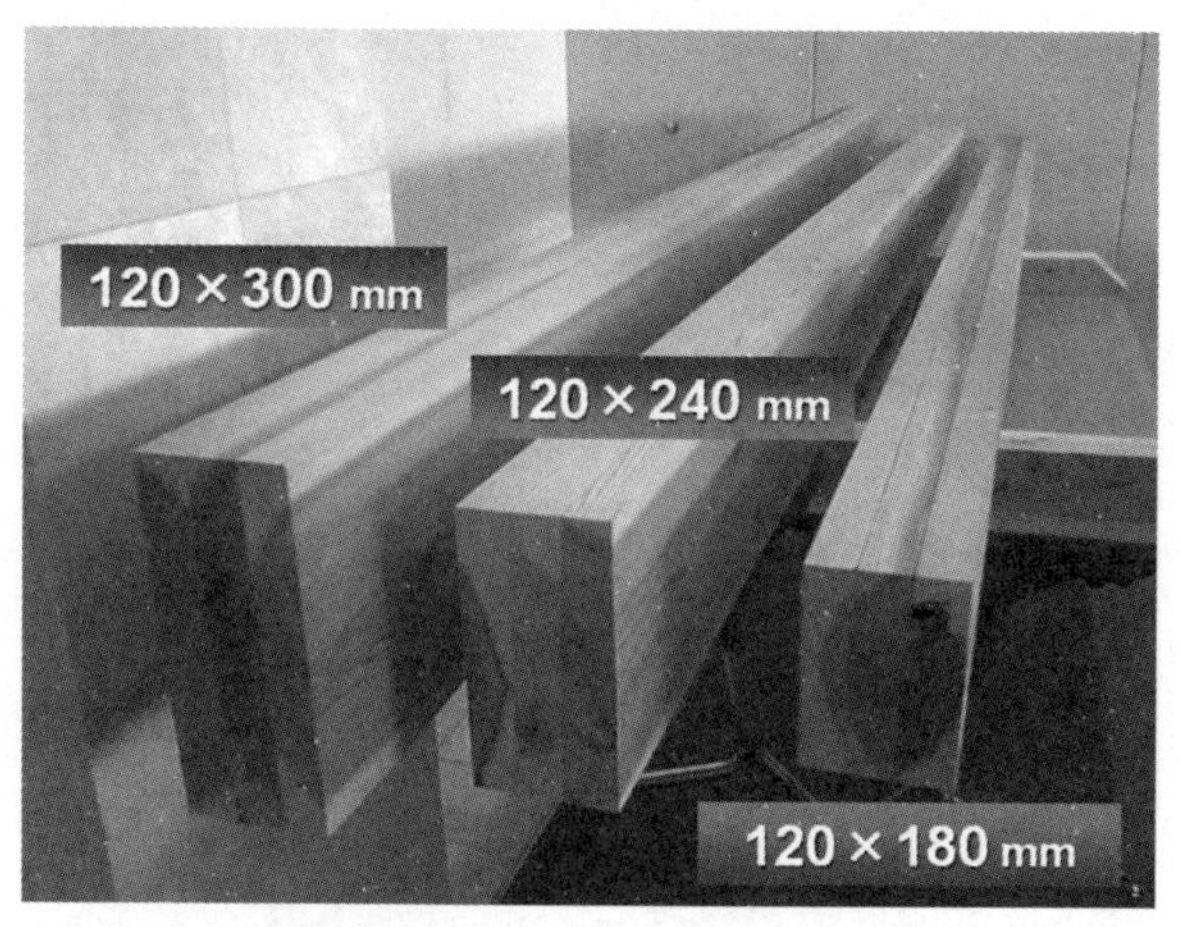


写真１　スギ積層接着合わせ梁（３層）の外観

表１　積層接着合わせ梁と一般（輸入）の集成材梁の違い

| 梁・桁用製品<br>断面寸法<br>120×240mmの例 | 積層接着<br>合わせ梁 | これまでの<br>（輸入）<br>集成材梁 |
|---|---|---|
| 原　料 | 中・大径木<br>ひき板 | 小径木<br>ひき板 |
| 原料の使用枚数 | 2～4 | 8 |
| 原料の厚さ | 3～6cm | 3cm |
| 原料の乾燥性 | ○ | ◎ |
| 接着等の製造効率 | ◎ | ○ |
| 製品の強度調整 | ○ | ◎ |
| 製品の意匠性 | ◎ | ○ |

して製造・販売することができます。しかし、これまで、原料となる幅広厚板が歩止り良く採材できる国産針葉樹の中大径の原木が少なかったことから、企業での製品化は行われていませんでした。以下に、積層接着合わせ梁の特徴を記します。

①今後、供給増が予想される中・大径原木から、歩止り良く採材できる幅広板を原料とし、特に高含水率（特に心材含水率１００％以上）のスギ原木でも品質・性能の確かな梁桁製品が製造できます。

②ヤング率により機械等級区分した挽き板を組み合わせることで、製造する合わせ梁の強度性能を調整することが可能です。３～４枚積層した材では、内側に節等が多い挽き板を、外側にそれらが少なく意匠性の優れた板を用いることで、製品の歩止りを高めることが可能です。

③乾燥した幅広厚板は、厚さが30㎜や45㎜では幅サイズに応じて間柱や胴縁等の製品として利用することができます。

④一般の集成材と比べて、接着面（接着剤使用量）が少なく、縦継ぎをしないなど製造工程が短く、特に化粧梁（見掛かり材）として使用する際には、質感（見た目：意匠性）も無垢材に近いことが特徴です。

## 積層接着合わせ梁の製造技術

### 従来の集成材に比べ接着面積（接着剤の使用量）が少ない

積層接着合わせ梁（以下、合わせ梁）の主な製造工程は、挽き板の製材、乾燥、積層接着、圧締、仕上げ加工と従来の集成材とほぼ同じです。合わせ梁の製造上の特徴としては、挽き板の幅が広いため材面の節等の部分を切除した後に縦継ぎ（フィンガージョイント等による）の加工が不要なことです。

また、挽き板の積層枚数が少ないため、集成材と比べて接着面積（接着剤の使用量）の少ないことが挙げられます。例えば、１２０㎜×２４０㎜×４ｍの製品で比較すると、従来の集成材の接着面積は３・５㎡であるのに対し、合わせ梁ではその57％の２・０㎡と少ないことが挙げられます。

### 製品利用か材積歩止り重視かで変わる木取り

原木の形状や品質に応じて、材積歩止りや価値歩止りを高める幅広厚板の木取りが必要です。

幅広厚板の仕上がり厚さは、原木から主材である柱を製材する場合には、間柱、造作材への利用も可能な30㎜または45㎜が、原木の材積歩止りを重視する際には40㎜または30㎜が想定されます。実際に原木末口径16～30㎝から幅広厚板を製材した場合の歩止り（主材のみ）を調査した結果では、末口径が28㎝以上では40％を上回る結果が得られました。

## 幅広厚板の効率的な乾燥手法

スギ原木（高含水率材を含む）から製材した幅広厚板について、低コストでかつ効率良く乾燥する技術を確立するため、天然乾燥と人工乾燥を組み合わせた手法の解明に取り組みました。

原木より末口径に応じて、採材した幅広厚板（幅１８０、２１０、２４０、２７０、３００㎜、厚さ30、45、60㎜）を屋根下で桟積みして天然乾燥を行いました。その後、蒸気式乾燥機を用いて乾球温度80～95℃、相対湿度84～57％、６日間のスケジュールで人工乾燥を行い、乾燥末期には調湿処理（乾球温度88℃、相対湿度76％、平衡含水率９％）により個体間の乾燥仕上がり程度の均質化を図りました。

その結果、幅広厚板の含水率は、製材直後で79％であったものが、天然乾燥後（55日）では19％に低下し、人工乾燥後ではすべてが15％以下となりました。調査した幅広厚板のうち93％

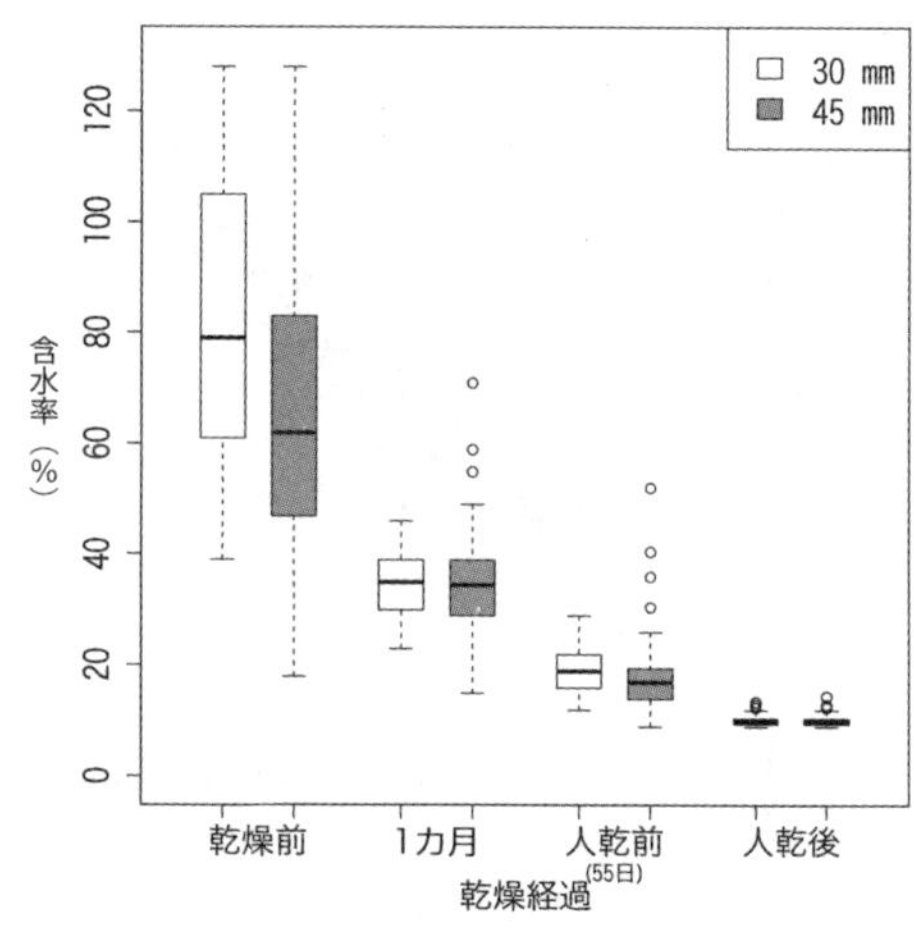


**図１　スギ幅広厚板（厚30・45㎜）の乾燥過程における含水率変動**
含水率：高周波式含水率による値

が目標含水率12％以下となり（図１）、合わせ梁原料として適した乾燥性能に仕上げられることがわかりました。

## 幅広厚板のグレーディング（等級区分方法）

構造用集成材は、近年では、主にグレーディングマシンでのヤング率計測に基づき機械等級区分した挽き板を原料としています。ＪＡＳの同一等級構成では、例えば３層のＥ75―Ｆ２５５（Ｅはヤング率、Ｆは曲げ強度を示します）の強度等級の製品を製造する際、機械等級でＬ80（ヤング率：８kN／㎟）以上の挽き板を使用します。

そこで、通常の構造用集成材とは挽き板の積層方向や断面形状が異なる幅広厚板の

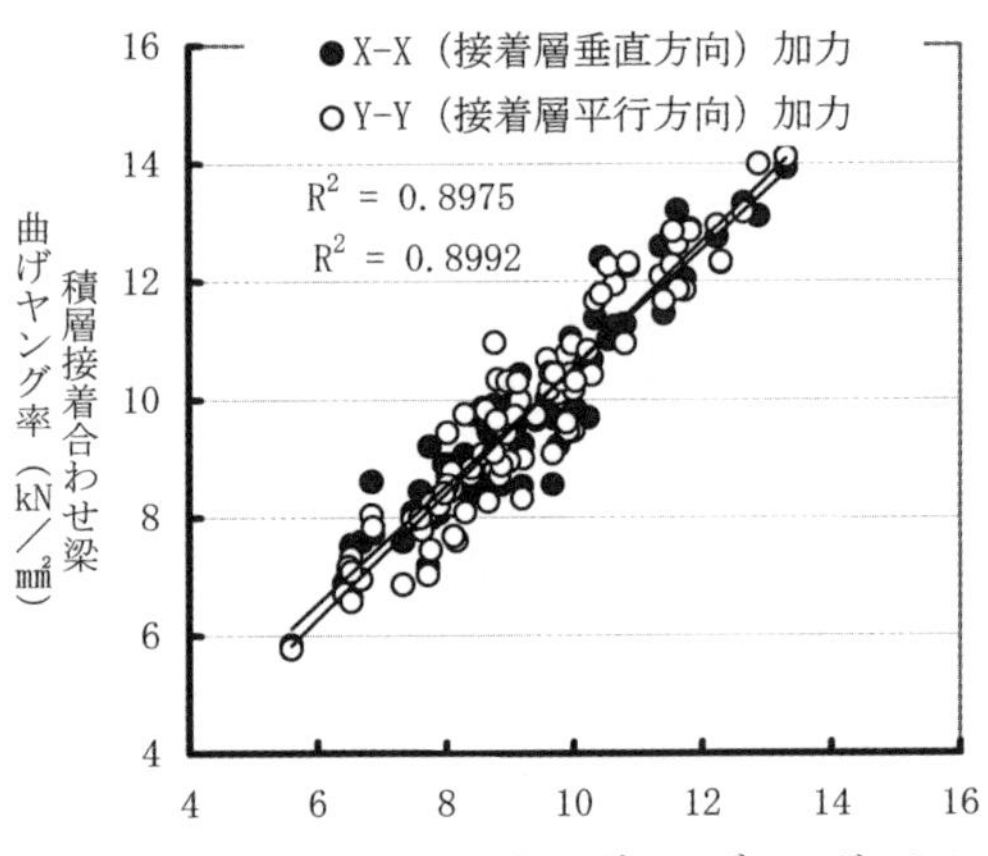


**図２　スギ合わせ梁のヤング率とそれを構成する幅広厚板のヤング率平均値との関係**

ヤング率を評価する際に、集成材挽き板用のグレーディングマシンが利用できるのか検討しました。幅広厚板をグレーディングマシン（静荷重載荷式）でヤング率を計測し、それらを2層〜4層に積層組み合わせた幅広厚板のヤング率平均値とそれらを用いて製造した合わせ梁のヤング率の関係を調べました。

その結果、両者間に高い相関関係が認められ、合わせ梁のヤング率はそれらを構成する幅広厚板をグレーディングマシンで計測したヤング率の平均値から精度良く推定・算出できることがわかりました（図２）。

## 幅広厚板の積層接着技術（合わせ梁の接着性能とせん断性能）

一般の構造用集成材の製造に使用されている、レゾルシノール樹脂または高分子イソシアネート樹脂による接着剤を用いて合わせ梁を試作しました。主な積層接着条件は、塗布量200～250g／㎡、プレス圧締圧力：2・5～3kgf／㎠以上、閉鎖堆積時間40分、圧締時間と温度を10℃で24時間以上または20℃以上で4時間としました。

試作した製品の接着性能（浸漬剥離試験、煮沸剥離試験、ブロックせん断試験）を集成材のJAS規格に準じて評価しました。その結果、浸漬、煮沸処理による接着層の剥離はいずれの試験体ともに皆無であり、ブロックせん断試験でも基準値を上回りました（図3）。

一方、合わせ梁の接着層付近にはせん断応力が作用することから、常態時および接着性能（浸漬剥離、煮沸剥離）評価後の試験体について、実大いす型せん断試験によりせん断強さを調べました。その結果、せん断強さは、常態時と煮沸後または浸漬後との明確な差異がみられず、いずれも国土交通省告示の集成材のせん断基準材料強度以上を満たしていることがわかりました。

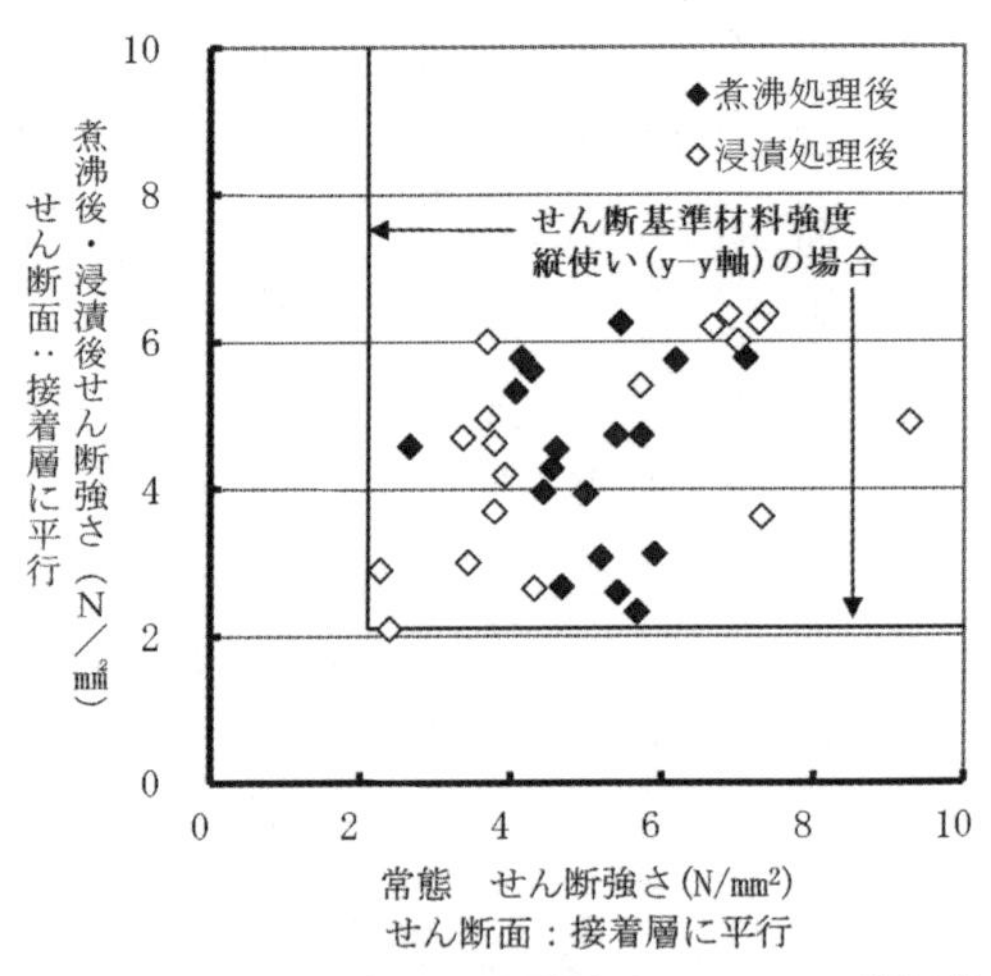


図３　合わせ梁の実大いす型試験によるせん断性能常態時と接着性能試験（煮沸・浸漬剥離）後の比較

## スギ積層接着合わせ梁の各種性能の解明

### 曲げ性能

挽き板積層数が２層、３層、４層の同一等級構成のスギ合わせ梁を製造して実大曲げ試験を行った結果、いずれもＪＡＳ集成材の適合基準値もしくは国土交通省告示による基準材料強度を充たすことが検証されました。なお、現行の集成材の基準材料強度は挽き板の積層数が異なる場合、同じヤング率の２層の等級に比べて４層の基準材料強度が積層効果によりばらつきが減少することで大きく規定

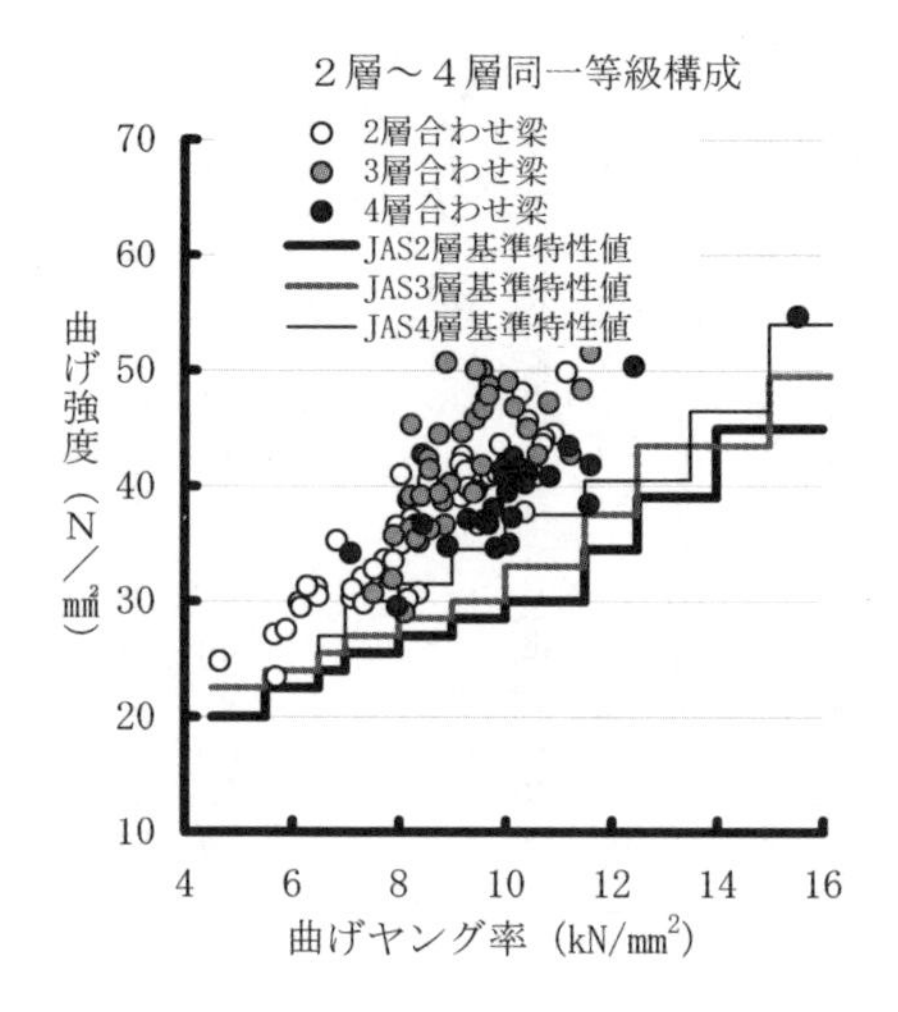


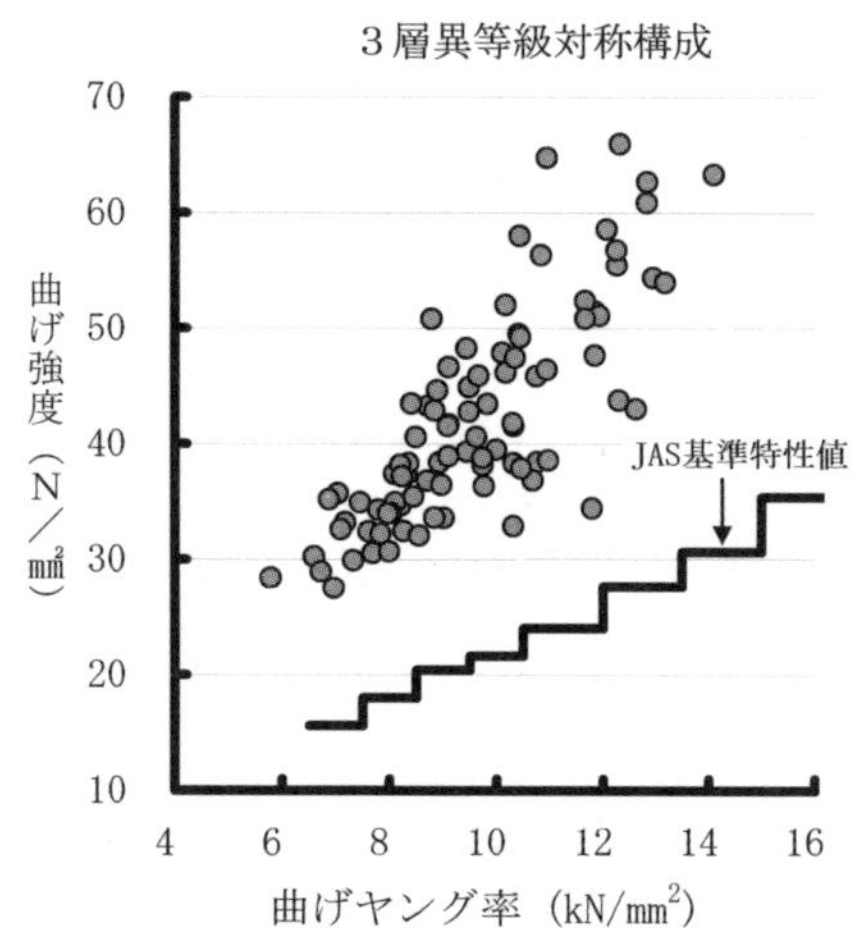


図４　スギ合わせ梁の実大曲げ試験による曲げ性能

されていますが、合わせ梁では積層数が少ないこともあり曲げ強度の差が認められませんでした。

一方、外層2枚に用いた幅広厚板の機械等級（ヤング率）よりも下位等級の幅広厚板を用いた異等級対称構成の3層合わせ梁を製造して、実大曲げ試験を行いました。それらの曲げ性能は、現行の基準材料強度が同一等級構成と比べて低く設定されていることから、十分上回ることも確認されました（図4）。

## クリープ性能

梁・桁に積載荷重等が長期間負荷された場合に、時間経過とともに梁桁のたわみ（変位）が増加する「クリープ」が生じます。そこで、スギ3層合わせ梁2体について実大クリープ試験を2年間行い、50年後の相対クリープ（初期たわみに対するクリープたわみの比：建設省告示第1495号の変形増大係数）を予測しました。

その結果、既往の実験による構造用集成材とほぼ同値の2前後であることが確認されました。この結果は、木造住宅に使用された合わせ梁のたわみが、施工直後と比べて50年後に2倍程度増えることを意味しています。

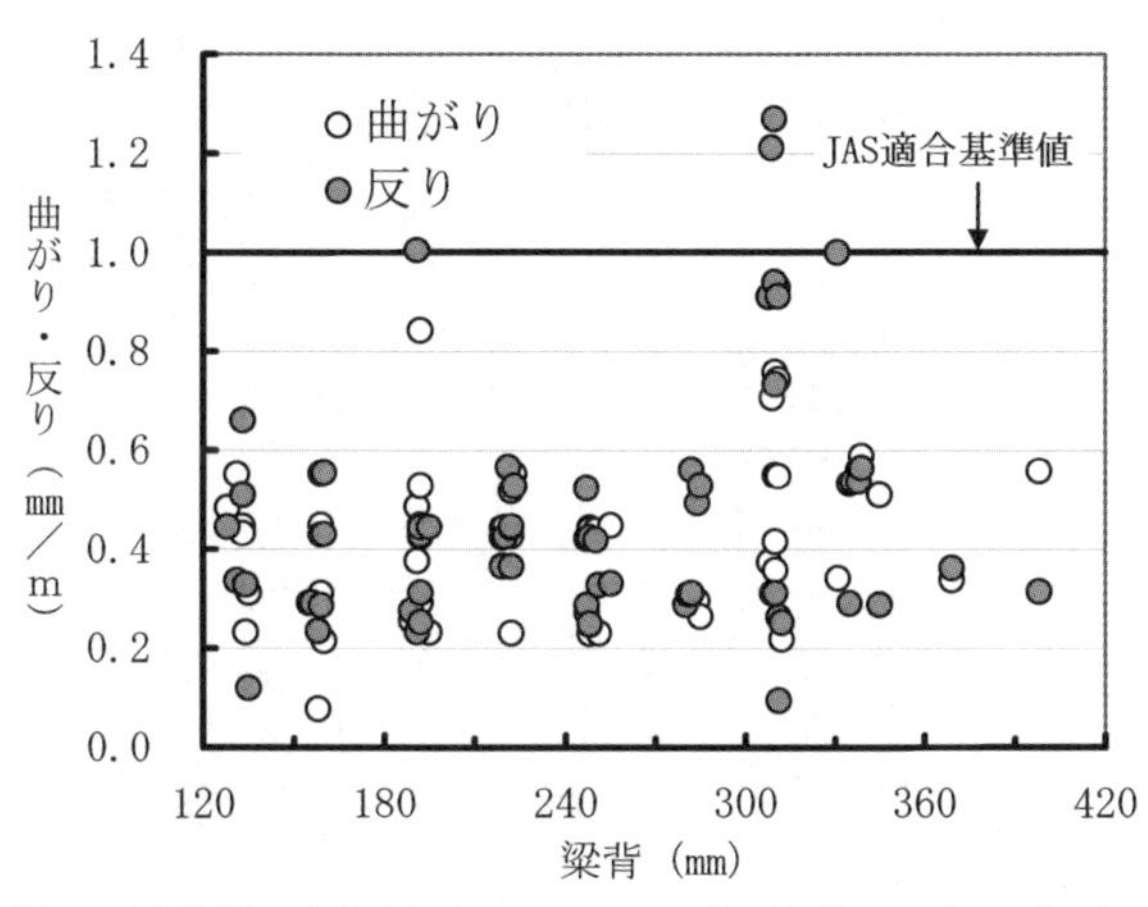


図５　製造後２年経過時におけるスギ３層合わせ梁の曲がりと反り

**積層接着合わせ梁の形状安定性（曲がり・反り）**

合わせ梁の製造後における形状安定性を評価するため、製造後2年経過時の曲がり・反りを調べました。その結果、合わせ梁の梁背の違いによる差異がみられず、大半が集成材ＪＡＳ基準の１㎜／長１ｍを下回り、前述したクリープ性能とも併せて製造後もしくは建物施工後の形状安定性についても問題のないことが確認されました（図５）。

**成果の活用および今後の課題**

スギの合わせ梁は、共同研究した民間企業

において２０１２（平成24）年からモニター生産（生産量１００㎥／年）が行われており、静岡県内と近県を合わせて年間30棟の「長期優良木造住宅」の梁桁部材としての利用が進んでいます（写真２）。これまでの製品の販売額が約５５００万円となっています。また、当センターでは、合わせ梁の製造手法と各種性能および木造住宅の梁桁部材として必要な断面寸法を明示したスパン表で構成したガイドや、製品特徴等を解説したリーフレットを作成し、関係者に向けた製品の利用・普及を進めています。

今後、合わせ梁の本格的な木造住宅等への利用・普及のためには、ＪＡＳや「しずおか優良木材」等、地域の公的製品認証が必要です。また、更なる製造コスト削減や県内の製材工場等での本格生産と製品の安定供給や、木造住宅への利用促進に向けた取り組みを、行政施策等と連携して行う必要があります。

一方、合わせ梁の品質・性能面では、現行の集成材ＪＡＳでは接着性能等の評価に適応していない点があること、強度性能（国土交通省の告示値）が実際と比べて過小に低い値になっている点があることから、今後それらに関連するスギ以外の樹種（カラマツ、ヒノキ等）についてもデータや情報を整理して、ＪＡＳ改正に向けた働きかけが必要です。

写真２　プレカット加工したスギ３層合わせ梁とそれを用いた木造住宅（静岡県浜松市内）

## 参考文献

1) 日本建築学会．2003．木質構造設計規準・同解説．352pp.
2) 日本農林規格．構造用集成材のJAS．
3) 大熊幹章．2012．木材工業67(1)．23―26．
4) 林知行．2003．ここまで変わった木材・木造建築．196pp.

# スギ大径材の利用拡大に向けた高強度梁仕口Tajima（但馬）TAPOS（テイポス）の開発

兵庫県立農林水産技術総合センター森林林業技術センター木材利用部主任研究員
永井　智（ながい・さとし）

## 横架材にスギ材を多用できる技術を開発するために

木造軸組工法住宅（以下、住宅）において梁や桁等の横架材に使用される木材の量は、一棟当たりの木材平均使用量の約30％を占めています[1]。そして現状は、それら横架材の90％以上に外国産材が使用されています[1]。しかし一方で、戦後の拡大造林開始から半世紀以上が経過した現在、スギの多くは断面の大きな横架材への利用が可能な径級へと成長しつつあります。資源循環型林業の構築が国をあげて強力に推進されている中、横架材にスギ材を多用できる技術の開発が進めば、持続可能な循環型社会の実現に向けての大きな貢献になるものと考えられます。

しかしながら、従来、兵庫県をはじめとする関西地区では、マツ類が横架材に好まれ用いられてきました。したがって、工務店や建築士等の間では、スギ材を横架材に使用することを不安視する傾向が見受けられました。とくに、本県北部には積雪が2mにも達する多雪地域が存在するため、比較的密度が低く柔らかいスギ材では接合部が雪の重みに耐えられないのでは、という懸念があり、仕口耐力の検証、ひいては強度的に信頼性の高い仕口の開発が求められました。

## 仕口耐力の評価方法

一連の仕口耐力評価は、「木造軸組工法住宅の許容応力度設計（2008年版）」に記載の「横架材端接合部のせん断試験（梁—梁型）」[2]（以下、せん断試験）に準じて行いました。

せん断試験の状況を写真1に示します。試験機は当センター所有の1000kN実大強度試験機（㈱東京衡機製造所製）です。せん断試験体は3部材からなり、受け梁2部材に加圧梁を上

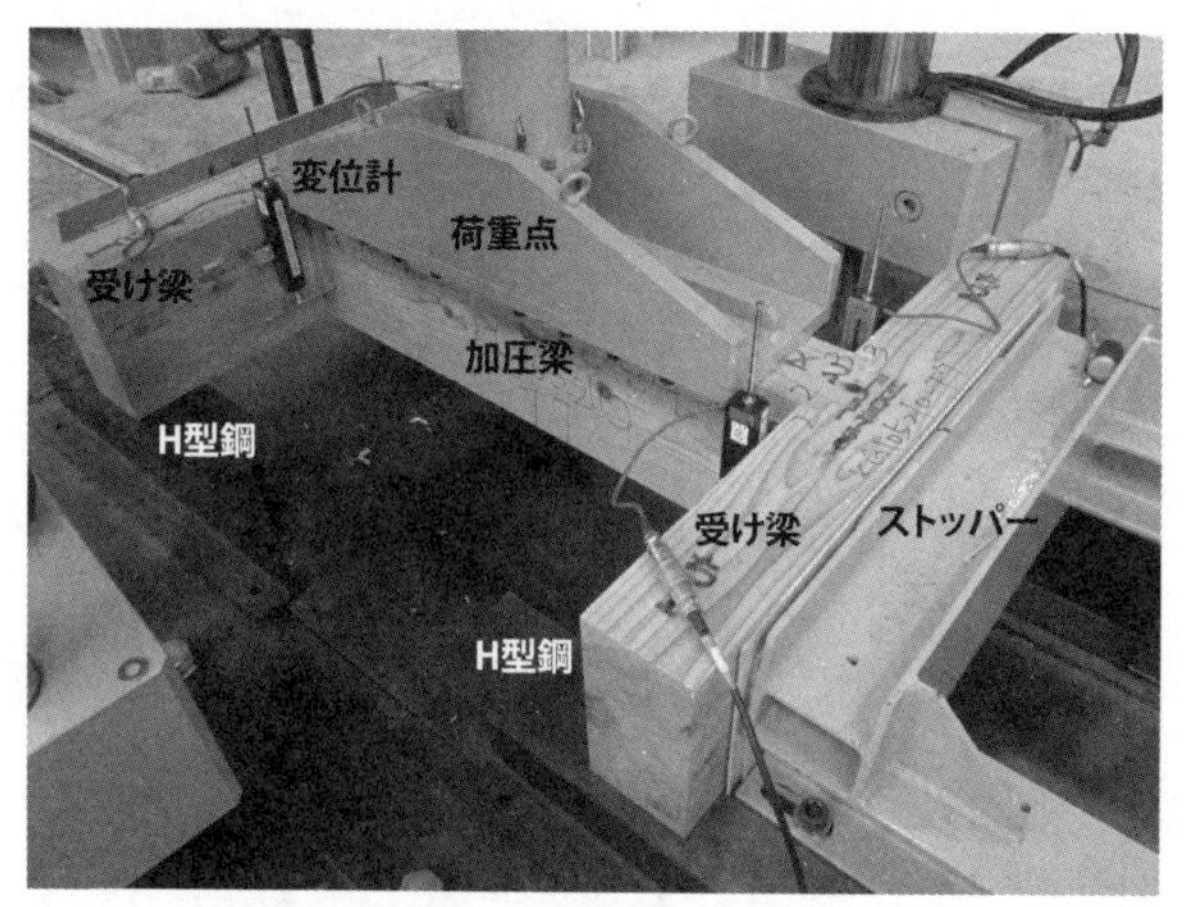


写真1　横架材端接合部のせん断試験（梁－梁型）

から架けています。加圧梁両端部には凸型の仕口加工が、受け梁には対応する凹型の仕口加工が施されています。

受け梁の端部4カ所をH型鋼で支持するように試験体を設置し、受け梁外面をストッパーで固定し、加圧梁に上面から加力します。接合部の両脇（計4カ所）に設置した変位計（TCL－100A、㈱昭和測器製）により、受け梁に対する加圧梁の相対変位（どれだけずれ下がっているか）を測定します。荷重点の下降速度を約3㎜／分として、最大荷重（2×Pmax）に達した後にその80％に荷重が低下するまで、またはどちらか一方の接合部の両脇に設置した変位計2点の平均値が30㎜に達するまで加力を行います。

データロガー（ＵＣＡＭ－60Ｂ、㈱共和電業製）により収録した片側接合部当たりの荷重（Ｐｍａｘ）－相対変位（２点平均）曲線をもとに、仕口の耐力や剛性を評価します[2),3)]。

## 市場流通材による在来仕口の耐力検証

まず、横架材に多用されている外材平角製品、および比較としてスギ材平角製品に、施工実績の豊富な仕口加工を施し、耐力を検証することとしました[4)]。

県内のプレカット工場に、幅１２０㎜×高さ２４０㎜のベイマツＪＡＳ人工乾燥構造用製材（機械等級Ｅ１１０以上）、スプルースＪＡＳ対称異等級構成集成材（強度等級Ｅ１０５－Ｆ３００）、スギＪＡＳ人工乾燥構造用製材（目視等級甲種２級）、スギＪＡＳ対称異等級構成集成材（強度等級Ｅ65－Ｆ２２５）の調達、並びに同工場で日常的に採用している在来「大入れ蟻掛けプレカット」仕口（写真2、以下、在来仕口）の加工を依頼し、前述のせん断試験を実施しました。

その結果、次の二つのことがわかりました。

一つ目は、ベイマツ材やスプルース材と比較してスギ材の仕口耐力は明らかに小さく、通常

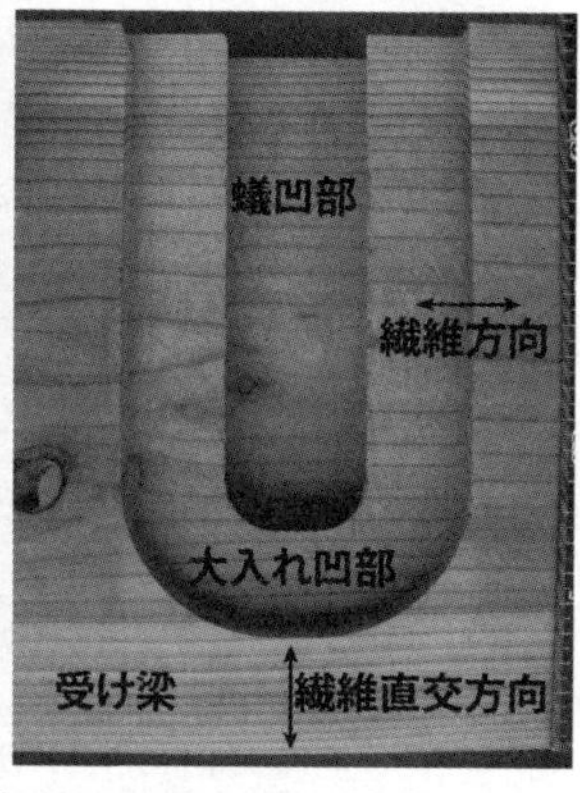


**写真２　在来「大入れ蟻掛けプレカット」仕口**
左：加圧梁凸部、右：受け梁凹部

の住宅用梁材に要求される許容耐力を十分にはクリアしていないケースが認められることです（表1）。図1（在来仕口）に示すとおり、せん断試験体の密度と降伏耐力（荷重を取り除くと形状が元に戻り得る最大耐力）は正の相関関係にあり、低密度のスギ材の耐力はスプルース材やベイマツ材と比べて低位でした。

二つ目は、試験後の破壊状況について、材種を問わず、受け梁の支圧面から底面に至る部位のめり込みあるいは割裂破壊によって仕口耐力が決定する傾向にあったことです（写真3）。

在来仕口の耐力検証の結果、スギ材の密度自体を高くすることは困難なため、受け梁凹部の支圧耐力を向上させることが仕口耐力の向上につながるであろうことを確認しました。

表1　在来「大入れ蟻掛けプレカット」仕口の耐力

| 種類 | 試験体数 | 短期基準せん断耐力 (kN) |
|---|---|---|
| スギ無垢材 | 6 | 7.5 |
| スギ集成材 | 6 | 8.8 |
| 床梁 | (試算値)※1 | 8.9 |
| 小屋梁 | (試算値)※2 | 11.3 |
| スプルース集成材 | 6 | 13.6 |
| ベイマツ無垢材 | 6 | 13.7 |

断面寸法：幅120㎜×高さ240㎜.

※1　対象部材の住居・床梁材としての短期換算梁端せん断力レベル（単純梁，等分布荷重，積載1,800N/㎡，たわみ制限≦L/500，許容スパンL　3.9m）

※2　対象部材の多雪地域・小屋梁材としての短期換算梁端せん断力レベル（単純梁，等分布荷重，積雪100㎝　3,000N/㎡，たわみ制限≦L/200，許容スパンL　4.5m）

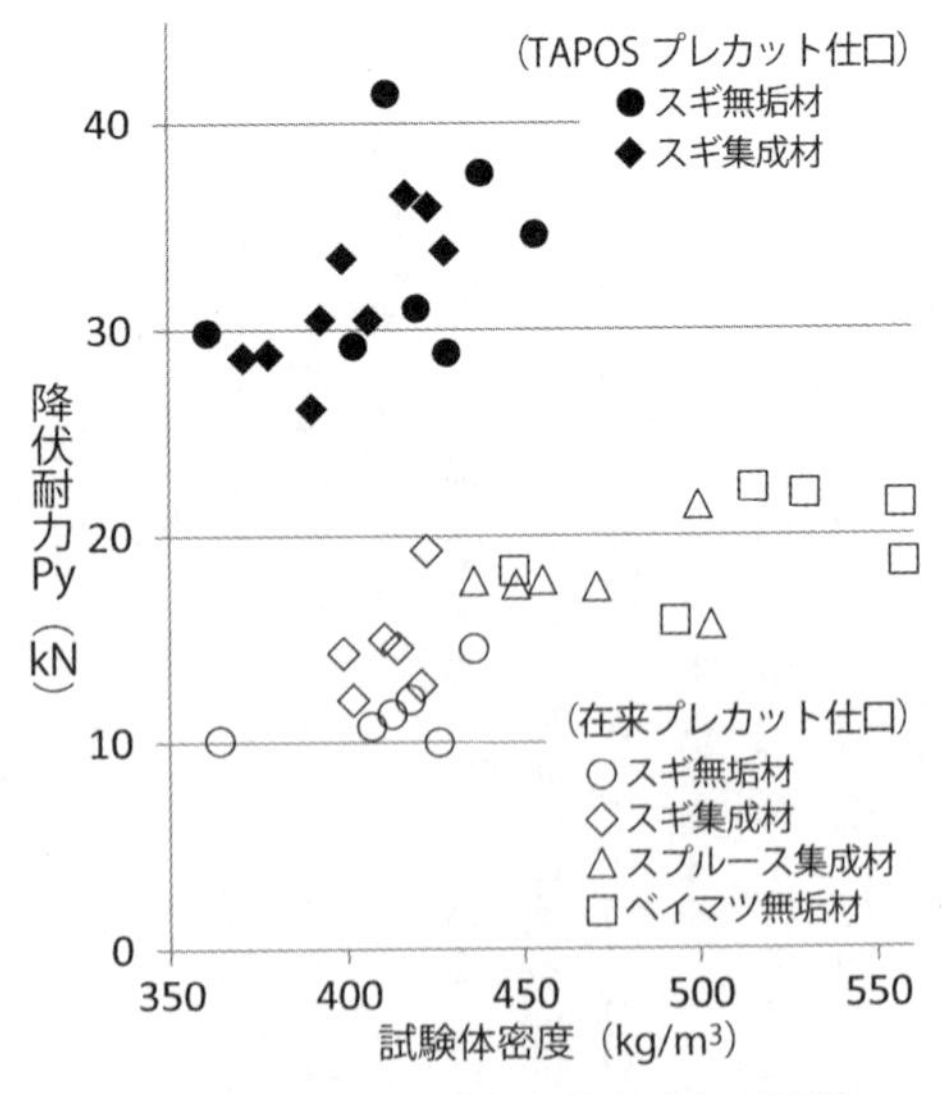


図1　せん断試験体の密度と仕口耐力の関係
TAPOSスギ集成材（◆、105×240㎜）を除き、120×240㎜.

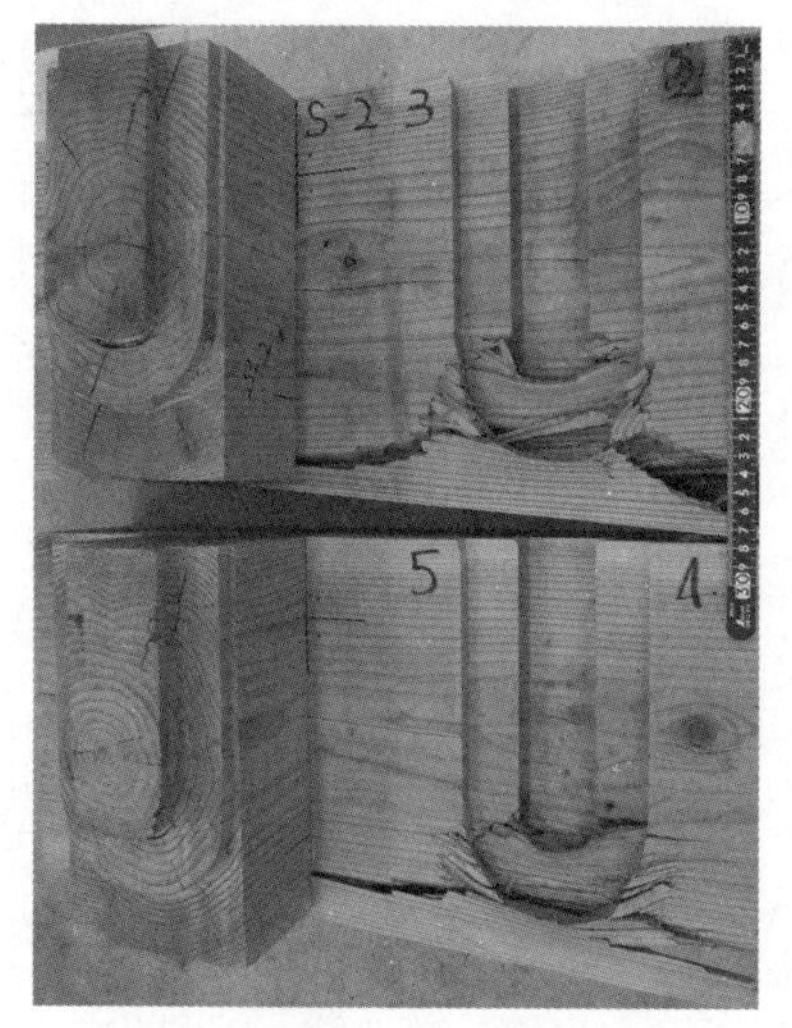


写真３　せん断試験後の試験体状況例

$fs \geqq \alpha \times Q / Ae$・・①　　$1 \geqq \alpha \times Q / Ae / fs$・・②

$fs$：許容せん断応力度
$\alpha$：断面形状によって決まる係数（長方形の場合は3/2）
$Q$：設計用せん断力
$Ae$：有効断面積

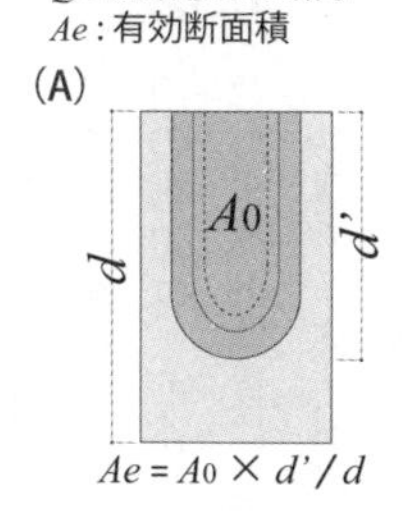


$Ae = A_0 \times d' / d$

木造軸組工法住宅の
許容応力度設計(2008年版) [2]

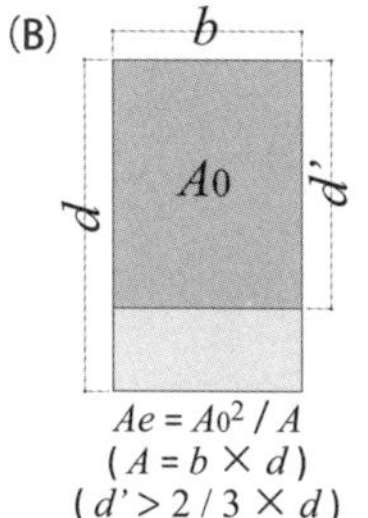


$Ae = A_0^2 / A$
$(A = b \times d)$
$(d' > 2/3 \times d)$

木質構造設計規準・同解説 [5]

図２　せん断力の検定・算定法

ここで、住宅における現行の仕口耐力評価方法について見てみます。「横架材端接合部のせん断に対する検定式」[2]や「単一曲げ材のせん断応力度の算定」[5]では（図2、式①・②）、大入れ凸部の有効断面積（$Ae$）と設計用せん断力（$Q$）が正比例関係にあり、蟻の有無や形状、受け梁の寸法や仕様は考慮されていません。しかし実際の梁―梁仕口の耐力は、前述したように受け梁側の耐力で決まる傾向にありました。加えて$Ae$と$Q$は必ずしも正比例関係にはなく[6,7]、蟻の有無や形状によっても仕口耐力は大きく変化しました[8,9,10]。つまり、大入れ凸部のみを対象とした式①・②では、梁―梁仕口のせん断耐力を適切には検定・算定できないことが明らかになりました。

## 強度的に合理的な仕口形状の開発

木材は強度異方性を備えた材料です。例えばスギ材のめり込み基準強度[11]は6・0N／㎟、縦圧縮基準強度[12]は17・7N／㎟であり、前者は後者の約3分の1しかありません。一方、在来仕口（83頁写真2）を見ると、加圧梁凸部から受け梁凹部に伝達される荷重の大半は、大入れ凹部と蟻凹部の底面、すなわち受け梁にとっての繊維直交方向で負担されています。めり込み強度は密度と比例関係にある[13]ことから、比較的低密度のスギ材では、比較的高密度のスプルース材やベイマツ材よりもめり込み耐力、ひいては仕口耐力（84頁図1、在来仕口）が劣る結果につながったのです。

そこでスギ材の密度、およびめり込み強度に関する弱点を克服するために、受け梁の繊維方向にできるだけ多くの耐力を担わせ、大入れ凹部と蟻凹部における底面の耐力負担を低減させる形状として、大入れと蟻の側面にテーパーを施し、底面の幅を最小限（切削刃の直径）に留めた形状を考案しました（写真4）。これにより、低密度のスギ材であっても仕口耐力を飛躍的に向上させることができました（図1、図3）。

県内プレカット工場の協力を得ることにより、施工性、降伏耐力、割裂しにくさ、受け梁の断面欠損低減を追求したプレカットタイプの基本形状（写真4）を決定するとともに、多様な断面寸法ごとに強度的に合理的なテーパー角度、大入れ・蟻形状を確定させました。

現在、せん断[12]・縦圧縮・めり込み基準強度並びにHankinson式[5]（木材の繊維方向と角度をなす面の許容応力度を求める式）を組み合わせ、在来仕口と開発仕口の双方で活用可能な、加圧梁凸部―受け梁凹部相互の耐力を反映させる新たな仕口耐力算定式の提案に向けた準備を進めています。

写真４　高強度梁仕口Tajima TAPOS（但馬テイポス）

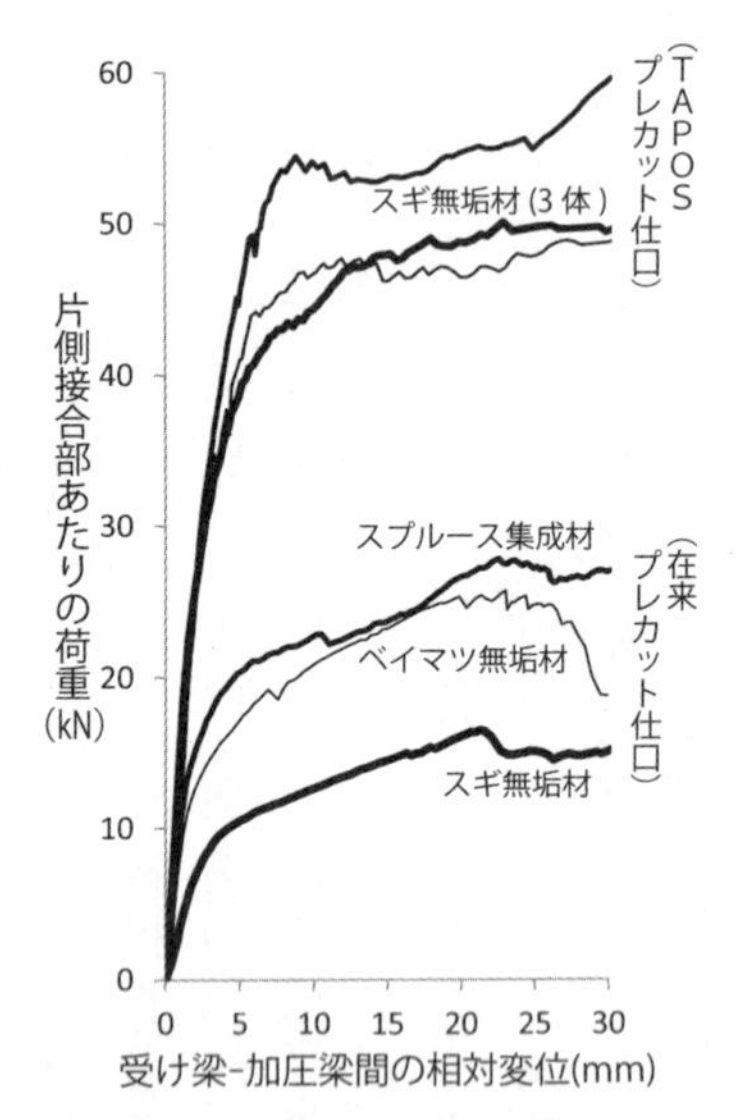


図３　横架材端接合部のせん断耐力比較例
断面寸法：幅120㎜×高さ240㎜.

## Ｔａｊｉｍａ ＴＡＰＯＳ（但馬テイポス）とは

梁―梁接合部にダイナミックにテーパーを施した開発仕口に「Ｔａｊｉｍａ ＴＡＰＯＳ（但馬テイポス）」と名付けました。Ｔａｊｉｍａは本研究に多大な協力をいただいた「但馬木造住宅振興協議会」に敬意を表したものです。一方ＴＡＰＯＳは、日本語なら「テーパー大入れ仕口」、アルファベットなら「TAPer Oh-ire Shiguchi」の頭文字をイレギュラーに集めた造語です。

本成果は、公益社団法人日本木材加工技術協会から「高信頼性梁―梁仕口〝Ｔａｊｉｍａ ＴＡＰＯＳ（但馬テイポス）〟の開発」と題して、「第12回市川賞」（我が国の木材産業の発展に寄与する新しい研究・技術開発の業績に対して授与）を受賞しました（２０１３〈平成25〉年5月）。一連の開発技術は特許出願済[14]であり、「ＴＡＰＯＳ」は商標出願中です。

ＴＡＰＯＳプレカット材は、２０１４（平成26）年9月現在、兵庫県内にある二つのプレカット工場（豊岡市・高柴林業㈱、宍粟市・久我木材工業㈱山崎工場）にて加工生産できます。また、プレカット機械メーカー2社（三重県伊勢市・キクカワエンタープライズ㈱、愛知県豊橋市・宮川工機㈱では、TAPOS加工制御プログラムの整備を完了あるいは進行させています。なお、前記4社それぞれと兵庫県との間で実施許諾契約が締結されています。横架材での国産材シェア拡大という方向性に賛同し、本技術の導入を検討いただけるプレカット工場や機械メーカーは、当センターまでお問い合わせください（℡0790−62−2118）。

## Tajima TAPOS（但馬テイポス）の特長

開発技術をスギ大径材利用の未来につなげるべく、以下にTAPOS加工仕口の特長をまとめます。

(1)TAPOS加工仕口では大部分の支圧を大入れ・蟻テーパー部が担っており、大入れ・蟻底面部の支圧負担が少ないため、在来仕口で認められるような受け梁の割裂破壊（85頁写真3）がほとんど起こりません。

(2)在来仕口の場合、梁高さに比例して大入れ凸部のせん断面積を大きく（大入れ高さを高く）しても、受け梁の支圧面（大入れ凹部と蟻凹部の底面）の形状や面積が一定である限り、仕口耐力はさほど大きくなりません。これに対して、TAPOS加工仕口では、梁高さの増大に合わせて大入れ・蟻テーパー部の斜長並びに支圧面積を増大させ、仕口耐力を大きくすることができます[10]。

(3)即日の上棟が常識化しつつある建築現場において、ＴＡＰＯＳ加工仕口は在来仕口よりも迅速な施工とスタッフの労力低減が期待できます。在来仕口の場合、受け梁凹部の直上に正確に加圧梁凸部を載せ、複数回の叩き込み（いわゆる掛矢で三発）によりかん合させることが一般的です。これに対し、ＴＡＰＯＳ加工仕口は加圧梁凸部を受け梁凹部の上方付近から容易に落とし込むことができ、掛矢で一発程度でかん合が完了します。

大入れ・蟻テーパー部の上方に設けた鉛直面（88頁写真４）は、加圧梁を鉛直に落とし込む際の導線となります。なお、ＴＡＰＯＳ加工仕口でも在来仕口の場合と同様、羽子板ボルト等による接合部の緊結は必要です。

(4)仕口耐力を大幅に向上させたことにより、それを効果的に活かす設計の可能性も見えてきました。本開発ではスギ横架材の仕口耐力の改良を進めてきましたが、スギ材には曲げヤング係数が小さい（他樹種と比較してたわみやすい）という、横架材利用を進める上で克服されるべきもう一つの課題があります。とはいえ、現状の住宅における横架材の国産材シェアは８・３％に過ぎません[1]。したがって、スギ横架材のシェア拡大を具現化するためには、スギ材と市場流通外材との併用を提案することも有意義なことだと考えています。

例えば、たわみにくさを重要視する二階の床梁には従来どおり外材を活用し、管柱により比較的短間隔で支持される胴差や桁にはスギ材を用いる、といった方法です。この時、凸側が外材、凹側がスギ材という、在来仕口では心許ない組み合わせが発生しますが、TAPOS加工仕口の活用により、適材適所の併用が可能になるでしょう。

さらに小屋梁の場合、床梁ほどのたわみにくさは要求されませんので、大径化するスギ材を活用するターゲットとして有力であると考えています。例えば4m（梁方向）×6m（桁方向）の間取りに幅120㎜×高さ240㎜×長さ4mの外材を梁間隔1mで配置した場合、必要本数は7本、必要材積は0・8064㎥となります。ここに幅120㎜×高さ300㎜×長さ4mのスギ材を梁間隔1・5mで配置した場合、必要本数は5本、必要材積は0・72㎥となります。さらに梁間隔2mの場合は必要本数が4本で材積を0・576㎥まで削減させることができます。スギ材の梁高さを外材の2寸増しとすることで、たわみ制限、曲げ許容応力度ともにクリアできる設計が可能になる中で、小屋梁の本数を7本から5本、4本へと削減することは、仕口数も14カ所から10カ所、8カ所へと減ることになるため、1仕口当たりの必要耐力は必然的に大きくなります。このようなケースにTAPOS加工仕口を活用することにより、スギ材を活用しながらも材積ひいては材料経費を節減することが試算上は可能です。

今後、許諾契約プレカット工場、建築設計士や工務店、そして地域の製材工場との連携により、具体的実践に取り組んでいきたいと考えています。

## 参考文献

1) 浦江真人．2013．木材工業68(9)．401―404．
2) (財)日本住宅・木材技術センター．2008．木造軸組工法住宅の許容応力度設計．107―110，579―587．
3) 軽部正彦．http://www.ffpri.affrc.go.jp/labs/etj/karube/PickPoint/index-j.html
4) 永井智・山田直也・上村公浩．2010．第60回日本木材学会大会研究発表要旨集．PH008．
5) 日本建築学会．2006．木質構造設計規準・同解説．19―20，27―28，162．
6) 永井智・玉田豊．2012．日本建築学会大会学術講演梗概集．22250．
7) 永井智・上村公浩・松本智啓・玉田豊．2011．日本木材加工技術協会第29回年次大会講演要旨集．65―66．
8) 永井智・尾崎真也・松本智啓・玉田豊．2012．第62回日本木材学会大会研究発表要旨集．H16―01―0930．
9) 永井智・尾崎真也・松本智啓・玉田豊．2012．日本木材加工技術協会第30回記念年次大会講演・研究発表要旨集．69―70．

10）永井智・戸田政宏・岡本一仁・玉田豊：２０１４：第64回日本木材学会大会研究発表要旨集：Y15－03－１１００．
11）国土交通省：２００１：告示第１０２４号：製材のめり込みの基準強度：平成13年６月12日．
12）建設省：２０００：告示第１４５２号：無等級材の基準強度：平成12年５月31日．
13）永井智・上村公浩・松本智啓・玉田豊：２０１１：第61回日本木材学会大会研究発表要旨集：D18－06－１６００．
14）兵庫県：２０１４：特許公開２０１４－０６６１２９：特許庁．

# スギ平角材の高周波蒸気複合乾燥技術の開発

大分県農林水産研究指導センター林業研究部木材チーム主任研究員
豆田　俊治（まめだ・としはる）

## スギ平角材乾燥技術開発に取り組んだ理由

大分県では素材生産量の85％を占めるスギの需要拡大を推進することが林業行政の重要な課題となっており、木造住宅の振興を図ることが非常に重要です。特に戦後植栽された林分が主伐期に達して大径化しており、平角材など大径材の安定的な需要を創出することが求められています。

しかしながら、在来工法に占める国産材のシェアは3割にとどまっています。特に管柱の国産材シェアが約6割を占めているのに比べて、梁桁材などの横架材はベイマツやホワイトウッ

写真１　乾燥試験の状況

ド集成材を中心とする輸入材が９割以上を占め、国産材シェアが低い現状です。

その理由として、スギは心材含水率が高いため乾燥が難しいとされ、特に断面積の大きいスギ平角材では、内部の水分が抜けにくいことが知られています。実際にグリーン材（未乾燥材）や乾燥が不十分な材が流通するなど、乾燥を重視する需要者のニーズに対応できていないと言えます。大手住宅メーカーが要求する品質や安定供給を確保することが難しく、心材含水率が高く乾燥に時間がかかるスギ平角材は、乾燥に関する技術開発が遅れているのが現状です。

このような背景から、スギ平角材の品質向上と乾燥期間の短縮を目的としたスギ平角材の乾燥技術開発に取り組みました。

## 元となった「大分方式乾燥材」とは

### 高温低湿処理＋天然乾燥

構造用製材のプレカット化が進み、寸法安定性などの品質に優れた乾燥材に対する需要が高まり、高速での乾燥を目的とした高温乾燥機が普及してきました。経済性と量産性を実現するべく木材の高速乾燥の研究が進む中で、高温乾燥で表面割れを抑えて短時間で乾燥させる「高温セット乾燥法」が開発されました。

しかしながら初期の高温乾燥は、材色の暗色化や内部割れの発生などの問題があり、このような品質低下を防ぐための方法が検討されました。大分県林業試験場（現農林水産研究指導センター林業研究部）においても研究が進められ、乾燥初期の高温低湿処理によるドライングセットの後に天然乾燥や中温乾燥を行うことで、表面割れが少なく内部割れもなく天然乾燥材に近い品質の「大分方式乾燥材」が開発されました。

## 生産認証を受けて大分方式乾燥材を生産

その後、大分県においては大分方式乾燥材の技術普及と生産拡大を推進するため、行政課題として取り組みが行われ、関係企業および団体を構成員とした大分県産材流通情報センターが設立されました。さらに、流通情報センター内に有識者による品質基準検討会を設置し、大分方式乾燥材の生産基準と品質基準を定めており、生産を希望する製材工場に対して認証検査を実施して工場認証を与えることで、生産工場の管理を行っています。２０１４（平成26）年9月現在、大分県下の26社の製材工場が大分方式乾燥材の生産認証を受けて生産を行っています。

その一方で、大分方式乾燥材の技術普及を進める中で技術的課題も浮き彫りになってきました。大分方式乾燥材は乾燥工程の大部分を天然乾燥に依存しているため、心持ち柱角を乾燥する場合、含水率20％以下になるまで３～６カ月、中温乾燥でも１カ月以上の期間を要します。そのため、関係者から生産拡大や安定供給に向けた乾燥時間短縮の新たな技術開発が必要という声が上がりました。

## 開発の苦労・工夫

### 平角材は乾燥の期間短縮技術が課題

大分方式乾燥材は、品質の高さから関係者に普及していく一方、一定期間内で出荷できる量に限りがあるため短期間の大量受注に対応できず、せっかく受注を受けても希望する納期に間に合わないため、やむを得ず断るという状況が生まれてきました。そのため、大分方式乾燥の普及に向けた技術的な課題として、短時間で安定的に生産するための期間短縮技術が必要でした。

そこで期間短縮の具体的な方法として、天然乾燥と中温乾燥を効率的に組み合わせる乾燥技術の開発を模索しました。予備試験や生産工場での実証試験を重ねた結果、正角材は1週間程度の中温乾燥との組み合わせで一定量を生産できる技術を確立しました。

一方、スギ平角材は主に住宅用の横架材として一部の工務店での使用にとどまり、需要量が限られているため、そのほとんどがグリーン材（未乾燥材）という現状でした。高温乾燥材の生産が進むなかで、スギ平角材は材の中心部の水分が抜けにくく短時間で目標含水率まで下げることが困難な上、乾燥時間が長すぎると過乾燥となり内部割れが発生するなど、乾燥スケジュールが非常に難しいという課題が明らかになりました。

さらに研究を進めて正角材の大分方式乾燥材と同様に天然乾燥や中温乾燥を併用して乾燥する技術が開発され、表面割れや内部割れを起こさずに乾燥できるようになりました。ただし、乾燥期間は中温乾燥と組み合わせて重量選別した場合でも約1カ月を要し、含水率が高い材の場合は3カ月以上を要することがわかりました。

## スギ平角材の乾燥には「高周波乾燥」が有効

スギ平角材は寸法規格が多いため、サイズごとの在庫管理の負担が大きくなり、結果的に乾燥が不十分なKD材として出荷せざるを得ない状況でした。生産現場が希望する量産化や低コスト化を実現するためには、スギ平角材を高速乾燥するための新たな技術開発が求められていました。

このような中で、スギ平角材の乾燥には「高周波乾燥」が有効であると思われ、県内の製材工場に高周波蒸気複合乾燥機が導入されたことから、スギ平角材の乾燥スケジュール確立に向けた研究開発に取り組みました。現地での実証試験では、まとまった量を乾燥するため、表面割れや材色が悪化して製品歩留まりが下がることのないよう試験設計に苦慮しました。特にスギ平角材は、表面仕上げをする必要があるため、高価な製品の価値を損なうことがないよう細心の注意を払って試験を実施しました。その結果、導入工場の協力もあり、必要な試験データを得ることができました。

## 成果（開発された方法）

### 蒸気加熱と高周波加熱による複合タイプの乾燥機

高周波加熱は、乾燥期間の短縮や平角材などの大断面材の乾燥方法に適しているとされています。高周波加熱（誘電加熱）の特徴は、加熱に要する時間が短い、熱効率が良い、複雑な形状のものでも比較的均一に加熱できる等の長所があります。一方で、局部加熱することがある、イニシャルコストが高いなどの短所があるとされています。

実際に高周波加熱する場合は、電極板の設置が必要で、この電極板の間が加熱部となるため、電極板で乾燥材を挟むように設置します。また、金属片は高周波の影響を受けるため、制御用の温度センサーは光ファイバー方式の温度計が必要になるなど、高周波乾燥は一般的な蒸気式

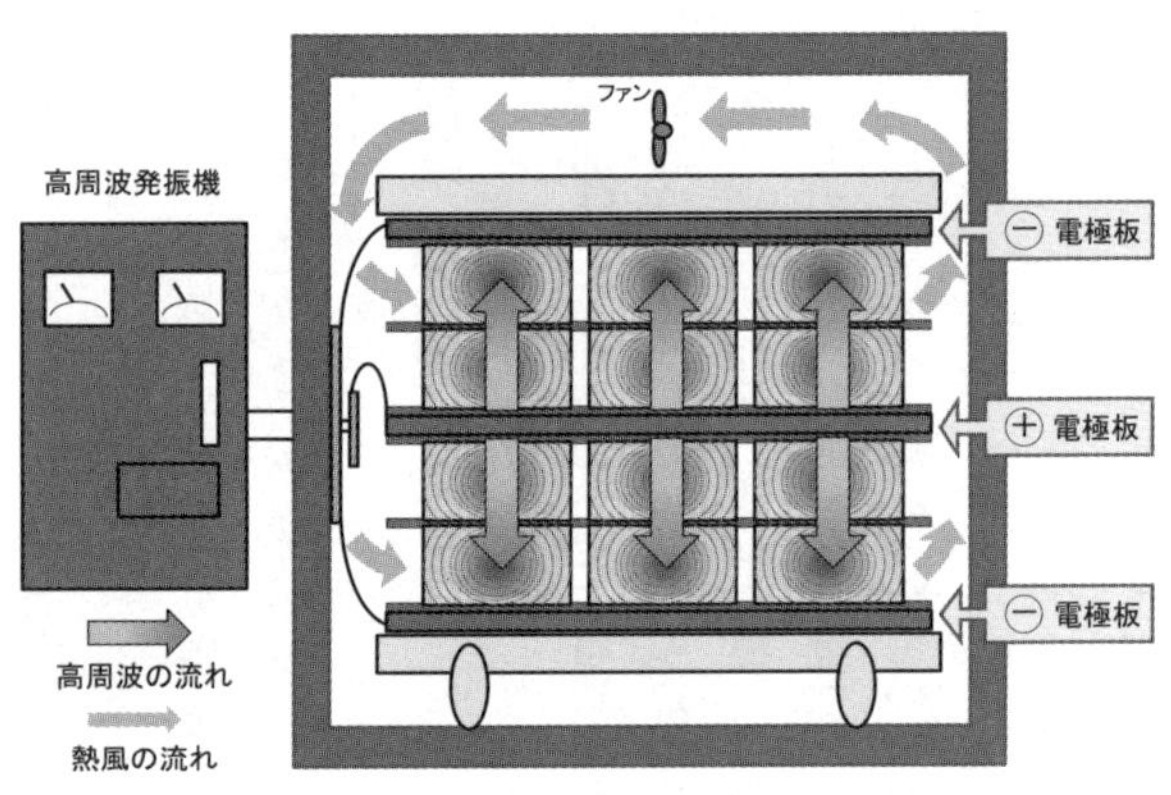


図１　高周波蒸気複合乾燥機の構造

乾燥機と比べて取り扱いが煩雑な点に注意が必要です。

今回、スギ平角材の乾燥に使用した高周波蒸気複合乾燥機は、蒸気加熱と高周波加熱の二つの加熱方法を備えた複合タイプの乾燥機です。高周波蒸気複合乾燥機は、蒸気式木材乾燥機に高周波発信器を取り付けて高周波加熱ができるようにしたもので、蒸気乾燥を行いながら必要に応じて蒸気加熱と高周波加熱を組み合わせて使用できます。

具体的には、蒸煮、高温セットは蒸気乾燥でその後の乾燥は、高周波乾燥と蒸気乾燥を組み合わせて乾燥材を加熱します。これによって、従来の高周波乾燥において表面割れの発生しやすい心持ち材の表面割れを抑制しつつ、内部の水分を効果的に押し出して乾燥することができます（図１）。

## スギ平角材独自の乾燥スケジュールを開発

現在市販されている高周波蒸気複合乾燥機は、蒸気乾燥機が高温タイプであることが特徴です。高温セットができる標準的な木材乾燥スケジュールは用意されていますが、難乾燥材であるスギ心持ち平角材については十分な試験データがなく、乾燥期間の短縮や電力使用量の削減といった低コスト化を考慮した独自の乾燥スケジュールが必要でした。そこで、高周波蒸気複合乾燥によるスギ平角材の乾燥試験を実施しました。

試験方法は、まず供試材に対する高周波加熱量を決定するために、乾燥前のスギ平角材の重量から高周波加熱の脱水量を推計しました。高周波乾燥試験を実施した後に乾燥材の品質を評価してスケジュールの有効性を検討しました。乾燥が不十分な材や内部割れが発生している場合は、次回のスケジュールで調整を行いました。

また、高周波加熱による過度な温度上昇を防ぎ、乾燥時の内部割れの発生を抑えるために、乾燥中は材内温度をモニターして１００℃から１０５℃の温度を維持するように高周波出力を調整する改良を行いました。20回以上におよぶ試験データを基にスギ平角材の高周波乾燥スケ

表1　乾燥スケジュール

| 乾燥工程 | 乾球温度（℃） | 湿球温度（℃） | 高周波 | 乾燥時間（h） |
|---|---|---|---|---|
| ①蒸煮 | 96 | 96 | − | 12.0 |
| ②高温セット | 120 | 91〜96 | 発振 | 10.0 |
| ③高温→中温 | 95〜115 | 81〜91 | − | 16.0 |
| ④中温 | 80〜90 | 71〜76 | 発振 | 178.6 |
| ⑤冷却 | − | − | − | 18.0 |
| 合計時間 | | | | 234.6 |

ジュールを完成させました（表1）。

## 重量選別効果を確認

また、重量選別効果を確認するために、120mm×240mmのスギ心持ち平角材48本を重いグループ、中間グループ、軽いグループの16本ずつの3グループに分け、乾燥試験を実施しました。

乾燥後の含水率測定の結果、重いグループで中央部付近の含水率が20％をわずかに超えているものの、それ以外のグループは中央部付近を含めてすべて20％以下に乾燥していました（図2）。内部割れと含水率の測定結果は、内部割れはほとんど発生しておらず、中心部まで均一に乾燥していることがわかりました（図3）。

以上の試験から、スギ心持ち平角材の約10日間の含水率20％以下で割れのない乾燥が可能な高周波蒸気複合乾燥スケジュー

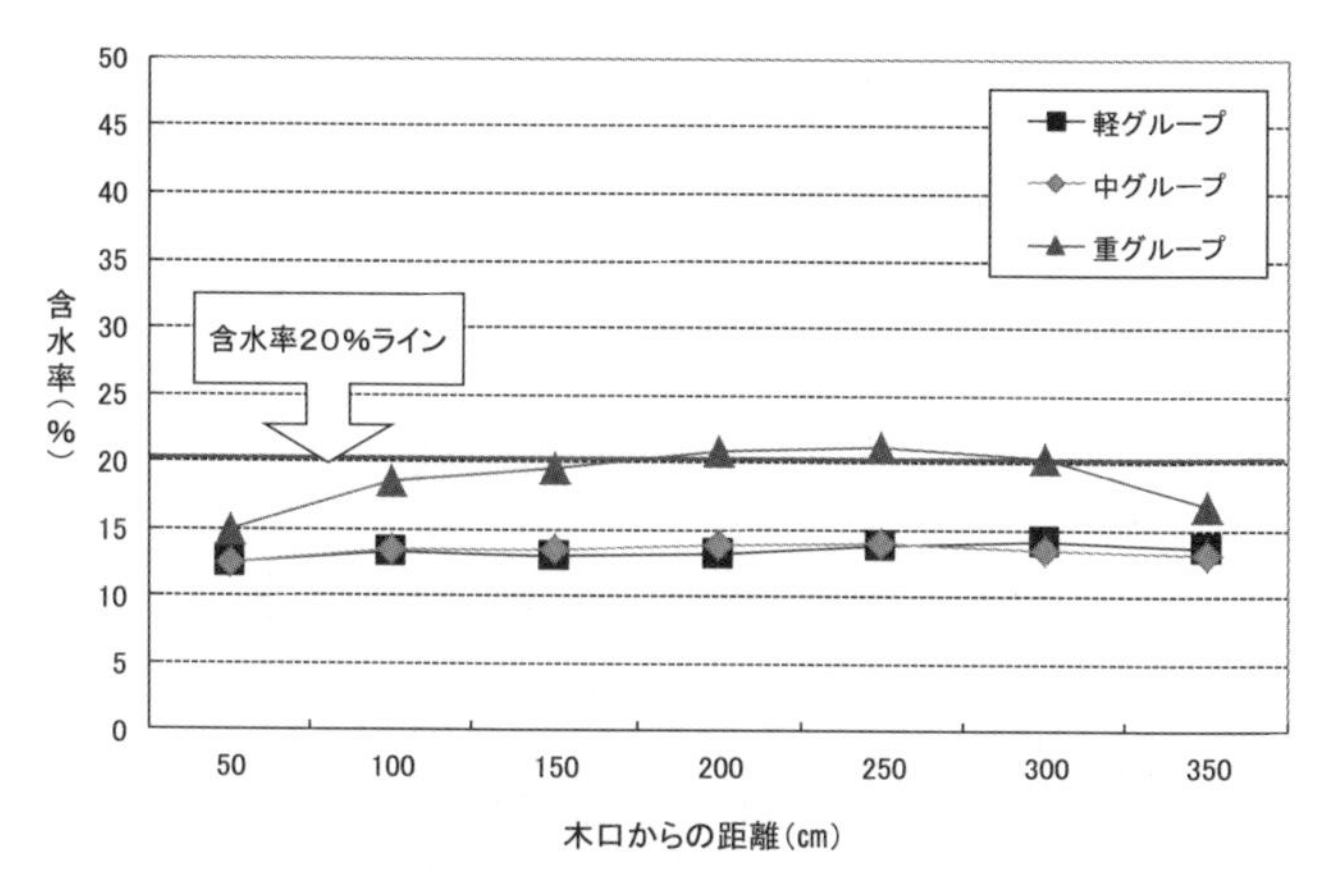


図２　長さ方向の含水率測定結果

| | | | | |
|---|---|---|---|---|
| 10.9 | 11.9 | 11.4 | 11.5 | 10.4 |
| 12.4 | 13.5 | 12.7 | 13.4 | 12.0 |
| 12.6 | 13.5 | 12.7 | 13.6 | 12.4 |
| 12.1 | 13.3 | 12.6 | 13.4 | 12.2 |
| 10.8 | 11.5 | 11.4 | 11.8 | 7.4 |
| | | | 平均値 | 12.0 |

図３　内部含水率の状況

ルを開発しました。

## これまでの方法との違い

### 「内部加熱」が平角材等の乾燥の高速化に有効

一般的な蒸気乾燥は、外部から熱を加えて加熱する「外部加熱」であるため、大断面材では表面近くと内部で含水率傾斜が発生しやすく、高速乾燥においては限界があると考えられます。一方、高周波加熱は木材の内部から加熱する「内部加熱」であるため、断面積の大きな平角材等の乾燥の高速化に有効で、内部まで均一な乾燥が期待できます。また蒸気乾燥と複合することで、ドライングセット効果による表面割れ抑制や電気代削減などランニングコストの低減が可能です。

ただし、高周波蒸気複合乾燥機は、乾燥容量が同サイズの一般的な蒸気乾燥機と比較して高周波加熱装置の分だけ割高になります。高周波乾燥は蒸気乾燥だけでは乾燥が困難な平角材などの大断面材に活用することが効率的だと言えます。

写真２　大分県立美術館

## 成果の活用

### 木造公共建築物に高周波乾燥材を活用

この研究成果を基に、スギ平角乾燥材の生産体制を強化するため、生産工場に対して高周波蒸気複合乾燥機の導入助成と技術普及を推進しました。その結果、３社で合計５基の高周波蒸気複合乾燥機が導入され、大分県産材流通情報センターから高周波蒸気複合乾燥による大分方式乾燥材生産工場として認証されました。

また、２０１０（平成22）年10月に「公共建築物等の木材の利用の促進に関する法律」が施行されたことで構造用木材の需要が高まっており、高周波蒸気複合乾燥は、短期間で品質の高い乾燥材生産ができることから積極的な活用が期待されています。特に大分県日田市では、市内の小中学校の校舎や体育館などの木造の公共建築物に高周波乾燥材が積極的に使用されているほか、2015（平成27）年4月に開館予定の「大分県立美術館」に、約2000本の平角材が使用されるなど、関係者から高い評価を受けています（写真2）。

## 参考文献


1）吉田孝久・橋爪丈夫・藤本登留．2000．カラマツ及びスギ心持ち正角材の高温乾燥特性―高温低湿乾燥条件が乾燥特性に及ぼす影響―．木材工業．55，357―362．

2）豆田俊治．2001．スギ柱材の高温乾燥について（第3報）―蒸煮セット後の乾燥温度の違いによる比較―．日本木材学会九州支部大会講演集．8，51―52．

3）大分県産材流通情報センター．2005．大分方式乾燥材等の品質基準について．

4）津島俊治・城井秀幸・鵜戸幹人・藤本登留．2007．大分方式乾燥システムの確立と実用化の促進．日本木材加工技術協会第25回年次大会講演要旨集5―6．

5）黒田尚宏．2007．スギ心持ち材乾燥のための基礎研究の展開．木材学会誌．53(5)，243―253．

6）津島俊治．2008．大分方式乾燥材の展開．木材工業．63，435―437．

7）豆田俊治・田口孝男・永田総司．2010．実用規模の高周波蒸気複合乾燥機によるスギ平角材の乾燥材品質．日本木材加工技術協会第28回年次大会（奈良）講演要旨集．99―100．

8）林野庁．２０１４．平成26年版森林・林業白書．
9）大分県農林水産部．２０１４．大分県林業統計（平成24年度版）．
10）県立美術館推進局．大分県ホームページ http://www.pref.oita.jp/site/suisinkyoku/

# スギ中・大径材製材の生産能率向上のための材質選別・製材・乾燥システム化

独立行政法人森林総合研究所加工技術研究領域長
村田　光司（むらた・こうじ）

## はじめに

戦後植林された針葉樹造林木は着実に成熟し、すでに標準伐期齢を過ぎた針葉樹人工林、とくにスギ人工林が増加しています。これにより、供給されるスギ原木の主体が小中径材から中大径材へと移行しており、その形質が変化してきています。多様化するスギ原木の形質に対応し、中大径材を有効利用するために、製材工場には、少品種大量生産から多品種大量生産へと移行している工場もあります。一方、製材品の主たる需要者である木造建築の分野では含水率や強度など品質に対するニーズが高まっており、供給側にはその厳格化が求められています。その基本的な対応策として、材質のばらつきが大きなスギ原木を含水率やヤング率の大小によって選別し、製材・乾燥を効率的に行い、品質の向上を図ることが考えられます。

そこで、独立行政法人森林総合研究所では、国産材製材工場に導入可能な簡易で実用的な中大径材材質選別技術の開発、その材質選別の導入による製材・乾燥の効率化への効果を検証することと原木材質選別・製材・乾燥システムを設計することを目的として、森林総合研究所交付金プロジェクト「スギ中・大径材製材の生産能率向上のための材質選別・製材・乾燥システム化」を２００９～２０１０（平成21～22）年度に実施しました。

## 中・大径材の含水率選別技術の開発と評価

### 振動的性質を応用した原木の含水率推定法の開発

原木（以下、丸太）の含水率推定法として、重量法、容積密度数推定値による重量法の含水率の補正、横打撃共振周波数法、応力波法について検討しました。

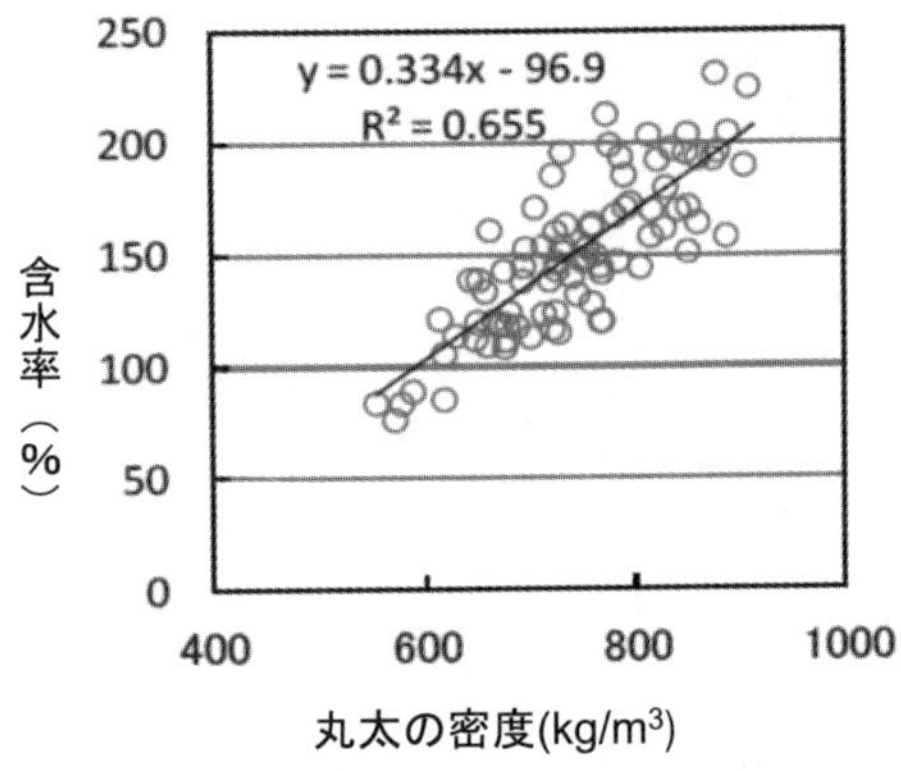


図１　生材丸太のみかけの密度と含水率の関係

## 重量法

重量法は生材丸太の重量と材積を測定して含水率を推定する方法です。生材丸太の重量は木材実質の重量と含有水分の重量の合計となっていますので、容積密度数(*)に大きな変動がなければ、生材丸太の重量と体積を測定して求めた生材のみかけの密度から容易に生材丸太の含水率が推定できます。64本のスギ丸太の重量と材積から求めたみかけの密度とそれらの丸太から円盤を採取して全乾法で求めた実測含水率の関係を図１に示します。みかけの密度と含水率の間には正の相関（$R^2$＝0.66）が認められました。また、図１中に示した回帰式より求めた推定含水率と実測含水率との偏差は平均で16％でした。

＊生材における体積に対する全乾重量の比、単位kg／㎥、同様の比で単位をg／㎤としたものを容積密度と言います。

## 容積密度数推定値による重量法の含水率の補正

　重量法は、特別な器具・装置を必要としない比較的簡便な含水率推定法です。一方、スギの品種やクローンにより容積密度数に差があることが明らかにされています。この容積密度数の差が含水率推定において誤差を生じさせる要因であると考えられます。そこで、非破壊的に測定できる丸太ヤング率と密度の関係から容積密度数を推定し、それにより推定含水率の算出を試みました。小中径材と大径材では、高密度の未成熟材の比率が異なるため、丸太ヤング率と密度の関係が異なります。大径材１４９本の丸太ヤング率と密度の関係から求めた回帰式が(1)式で、推定含水率の算出に(2)式を用いました。

$$D_{est}=14.9\times E_{log}+196 \quad (1)$$

$$U_{ey}=(D_g-D_{est})/D_{est}\times 100 \quad (2)$$

ここで、$D_{est}$：推定容積密度数（kg/m$^3$）、$E_{log}$：縦振動法による丸太ヤング率（GPa）、$U_{ey}$：推定含水率（%）、$D_g$：生材密度（kg/m$^3$）

　この方法で求めた推定含水率と円盤を採取して全乾法で求めた実測含水率との関係を図２に示します。推定含水率と実測含水率との間に高い正の相関（$R^2=0.79$）が認められました。また、推定含水率と実測含水率との偏差の平均値は12・１%でした。すなわち、容積密度数推定値に

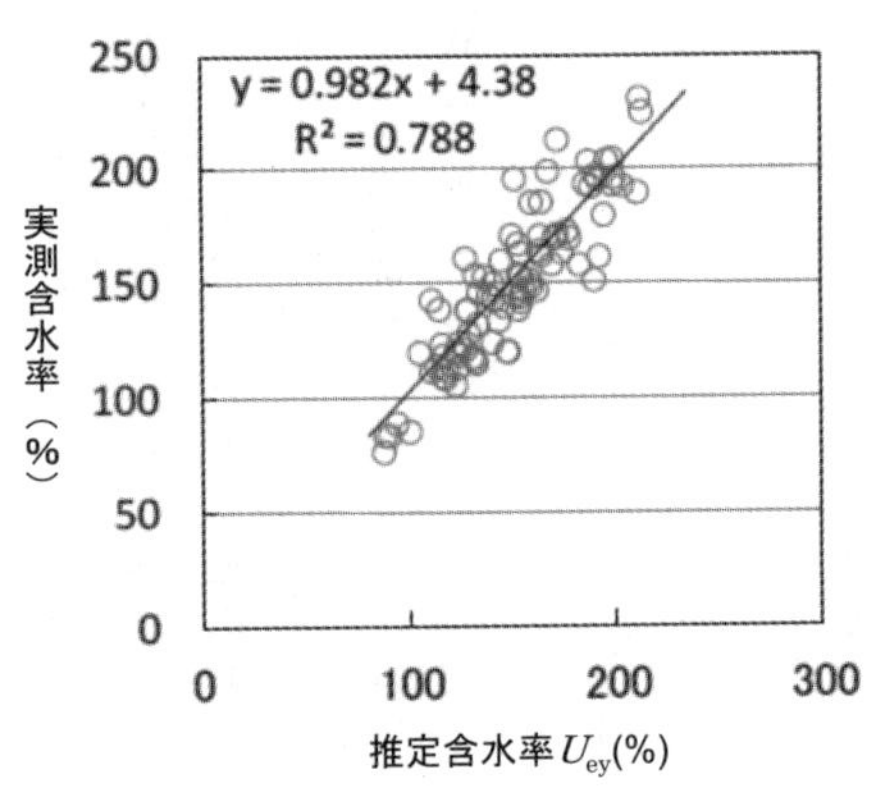


図２　丸太の推定含水率$U_{ey}$と実測含水率の関係

よる重量法の含水率の補正により推定精度が向上しました。

**横打撃共振周波数法**

横打撃共振周波数法は、丸太側面を打撃したときに発生する横打撃振動周波数(*f*)と周波数測定部位における丸太直径(*d*)から丸太含水率および丸太の心材含水率を推定する方法です。$1/df$および$1/(df)^2$と丸太含水率および丸太の心材含水率との関係を調べたところ、正の相関はあるものの決定係数($R^2$)は０・３〜０・４程度と低く、推定含水率と実測含水率との偏差の平均値は42・３％であり、推定精度は不十分なものでした。

**応力波法**

応力波法は、丸太に応力波を発生させ、直径に沿った応力波伝播速度と接線方向の応力波伝播速度の差から丸太の心材の生材密度を推定し、丸太の心材含水率を推定する方法です。応力波の伝播速度と心材の生材密度との関係を調べたところ、両者の間には負の関係が認められたものの有意差はなく、含水率の定量的推定が可能な精度を得ることができませんでした。

## 電気的測定による丸太水分の推定方法の開発

木材に交流電圧をかけると、木材が電気エネルギーの一部を熱エネルギーに変えて吸収するので、流れる電流の位相がずれます。この位相角は、木材の含水率、樹種、密度、温度、交流の周波数の影響を受けます。したがって、周波数を変化させて交流電圧をかけたときのインピーダンスと位相角から木材水分の推定が可能であると考えられます。

### 一対の電極を丸太を挟み込むように固定して測定

丸太の両側面に一対の電極を丸太を挟み込むように固定し、丸太に交流電圧をかけたときの周波数とインピーダンスおよび位相角の関係を調べたところ、交流の周波数 $f$ とインピーダンス $Z$ とには回帰式 $Z = AeBf$ で表される関係がありました（e：ネイピア数、A，B：定数）。

・Bが1未満で周波数10㎑の位相角が10°以下の場合：心材含水率が約70％で辺材含水率が約120％である確率が高い。

・Bが1未満で周波数10㎑の位相角が10°より大きい場合：心材含水率が約50％で辺材含水率が約100％である確率が高い。
・Bが1以上で周波数10㎑の位相角が30°以下の場合：心材含水率が約60％で辺材含水率が約120％以上である確率が高い。
・Bが1未満で周波数10㎑の位相角が30°以上の場合：心材含水率が約60％で辺材含水率が約100％である確率が高い。

この結果に基づいて、心材と辺材の水分状態をインピーダンスと位相角により推定して仕分けを行ったところ、仕分けの成功率は約70％でした。

**アルミ角材の電極2本を平行に配置し丸太を載せて測定**

アンテナに見立てたアルミ角材の電極2本を平行に配置し、その上に丸太を載せ、交流電圧をかけたときの周波数とインピーダンスおよび位相角の関係を図3に示します。

心材含水率が100％以上の場合、インピーダンスは100Hzから100㎑の範囲では変動せず、位相角は100Hzから10㎑付近まで0から20°の範囲にあります。一方、心材含水率が100％以下の場合、同様の周波数範囲においてインピーダンスは周波数の上昇とともに減少し、位相角は100Hzから10㎑付近までマイナス60°からマイナス80°付近で変動しています。

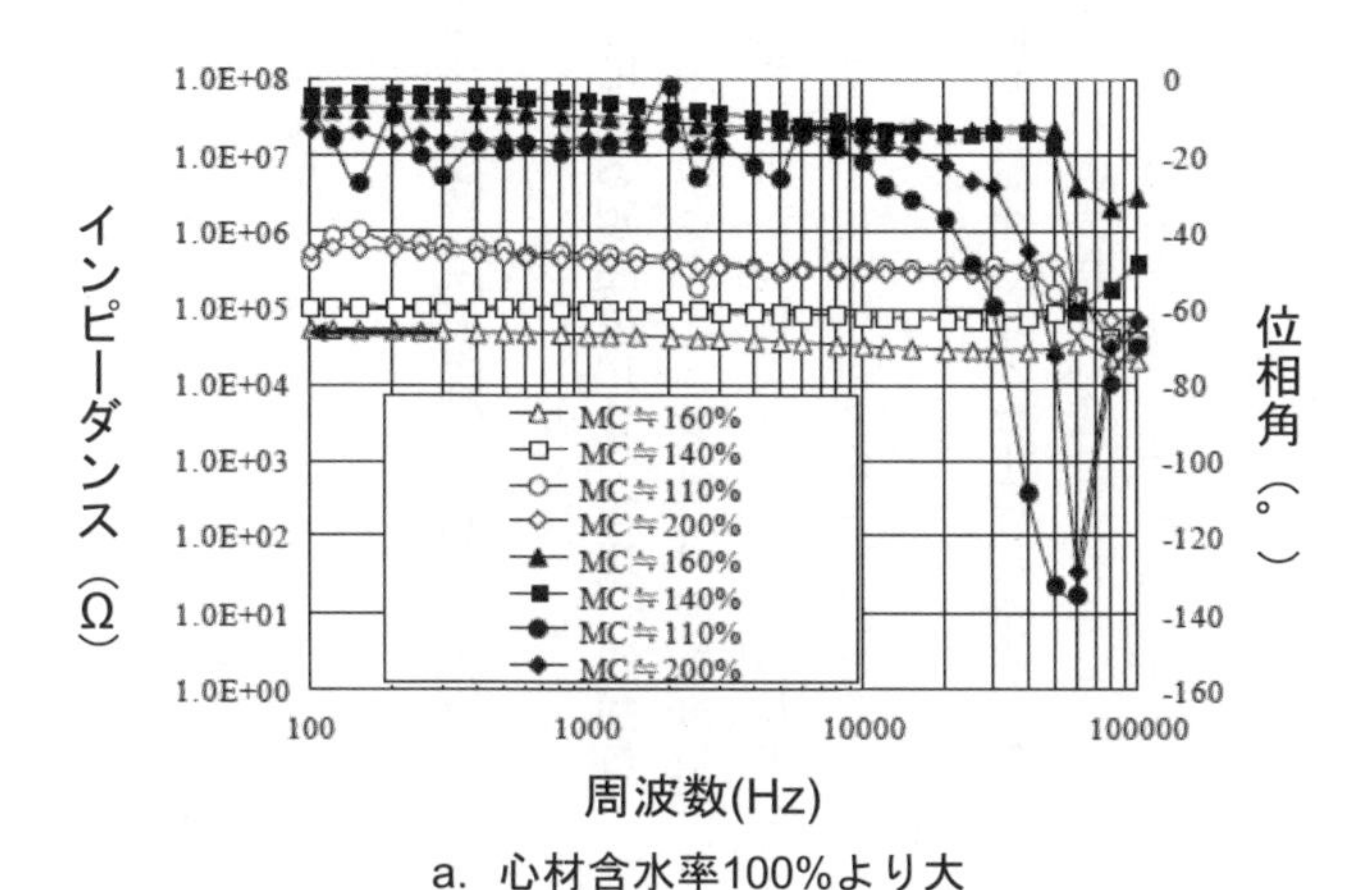


a. 心材含水率100%より大

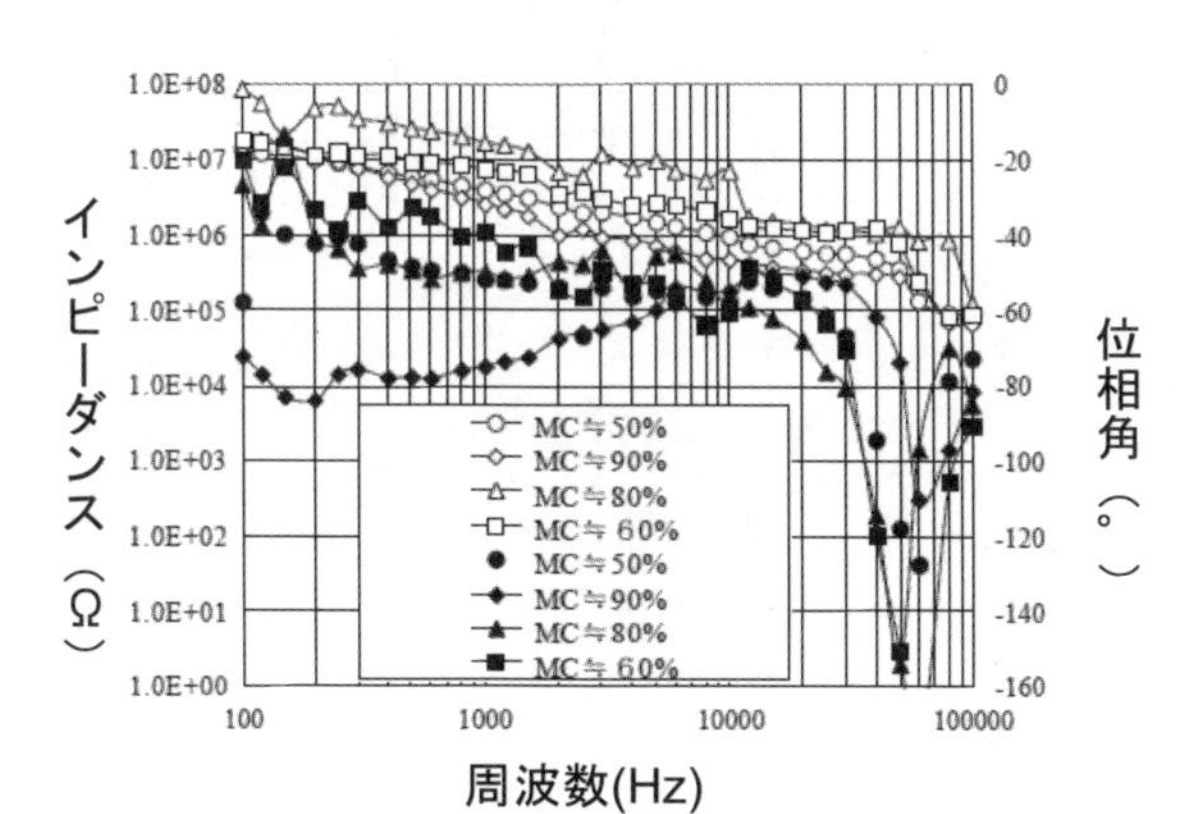


b. 心材含水率100%より小

図３　アンテナ電極による周波数とインピーダンスおよび位相角の関係

すなわち、心材含水率100%以上と以下ではインピーダンスと位相角の周波数特性が異なっています。これを応用すれば、丸太の心材含水率が100%以上であるか以下であるかという判断が可能になります。

## 中・大径材の選別・製材・乾燥システムの設計

### 製材による製品歩止り、等級、曲がり

丸太の径が大きくなると、挽き角類では心持ち正角だけでなく、心去り正角、心持ち平角や心去り平角が製材できるようになります。そこで、1本の丸太から心去り正角を2～4本と集成材ラミナ用の平割りを主製品として製材する木取りでスギ中大径材75本の製材試験を行いました。

### 粗挽き形量歩止りと仕上げ形量歩止り

1本の丸太から心去り正角を2本採材した場合（丸太26本）の粗挽き形量歩止りと仕上げ形量歩止りの平均はそれぞれ68・0%、57・4%、心去り正角を3本採材した場合（丸太36本）はそれぞれ69・5%、60・3%、心去り正角を4本採材した場合（丸太13本）はそれぞれ71・

0％、62・0％と、採材した心去り正角の数が多いほど形量歩止りが高くなりました。
これは、心去り正角の採材数が少ないほど板類や挽き割類の採材数が多くなり、挽き道が多くなり、挽き道による歩止り低下が大きくなるためと考えられます。

**製品の等級別出現率**

製品の等級別出現率は、3・8×13・0㎝では1級が69％、2級が30％、3級が1％、5・3×13・0㎝では1級が76％、2級が21％、3級が3％、13・0×13・0㎝では1級が38％、2級が58％、3級が4％となり、集成材ラミナ用の平割のほうが心去り正角より良い等級の占める割合が高くなりました。
これは、集成材ラミナ用の平割が主に丸太の外周部から採材されたことによります。

**挽き材直後の曲がり**

心去り正角の挽き材直後の曲がりは、曲がり率の平均が丸太の曲がりの方向と同方向で0・13％、丸太の曲がりの方向と直角方向で0・14％と、丸太の曲がり方向の影響は認められませんでした。心去り正角の場合、心持ち正角と比較して曲がりが大きくなる傾向があるので分増しを大きくするなどの対応が必要であると考えられます。

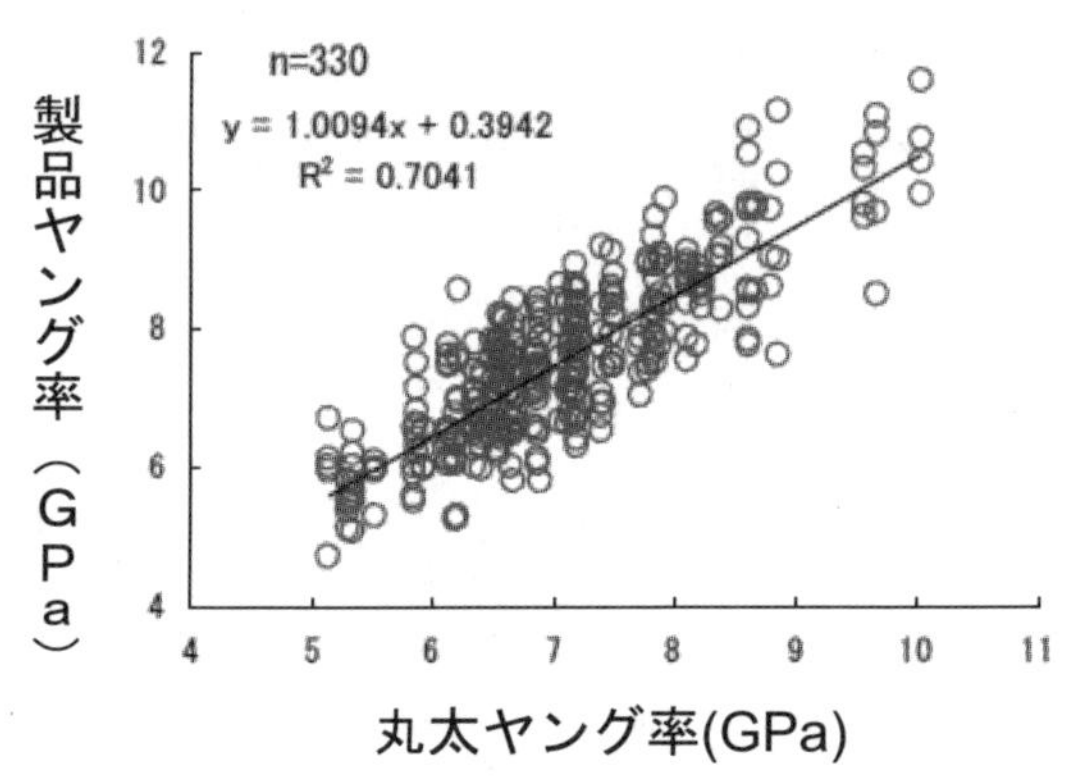


図４　丸太ヤング率と製品ヤング率の関係

## 丸太選別の判断因子

丸太の選別では、これまでは径、曲がり、材面上の節などを判断因子としてきましたが、製材品の強度性能や乾燥が求められている今日、丸太のヤング率や含水率が判断因子として重要となります。つまり、ヤング率や含水率によって丸太を選別できれば、求められる製品の強度性能に適した丸太から効率良く製材ができますし、製品の乾燥前の含水率を揃えることができて効率的な乾燥が可能となります。

## 丸太のヤング率と製品のヤング率の関係

丸太のヤング率と製品のヤング率の関係を示したのが図４ですが、両者の間には高い相関が認められ、丸太のヤング率から製品のヤング率が推定可能で、ヤング率は丸太の選別の有効な判断因子になると考えられます。

## 推定含水率と製品含水率の関係

一方、(2)式により求めた推定含水率と製品含水率の関係を示したのが図5ですが、決定係数($R^2$)が0・3と高い相関は認められません。これは、丸太内部の含水率はその位置によって変動しており、製品含水率はその木取り位置により変動しますが、推定含水率は丸太内の平均的な含水率を推定したものであるためと考えられます。

製品の中でも断面寸法が大きく、丸太に占める材積割合が高い心去り正角について丸太の推定含水率との関係を図6に示します。決定係数($R^2$)が約0・7と相関が高くなっています。(2)式により求めた推定含水率は、心去り正角の挽き材直後含水率をある程度推定でき、丸太の選別の判断因子となれる可能性があります。

## 含水率選別の経済的効果

心去り正角は、心持ち正角と比較して乾燥による表面割れの発生が少なく、高温セットをかけなくても、表面割れが少なく乾燥できます。中温乾燥の一般的なスケジュール(70~80℃)でスギ心去り正角の乾燥試験を行った結果、乾燥日数は含水率40~120%の心去り正角で16日程度、それ以上の含水率の心去り正角で27日程度でした。この結果に基づき、含水率選別の

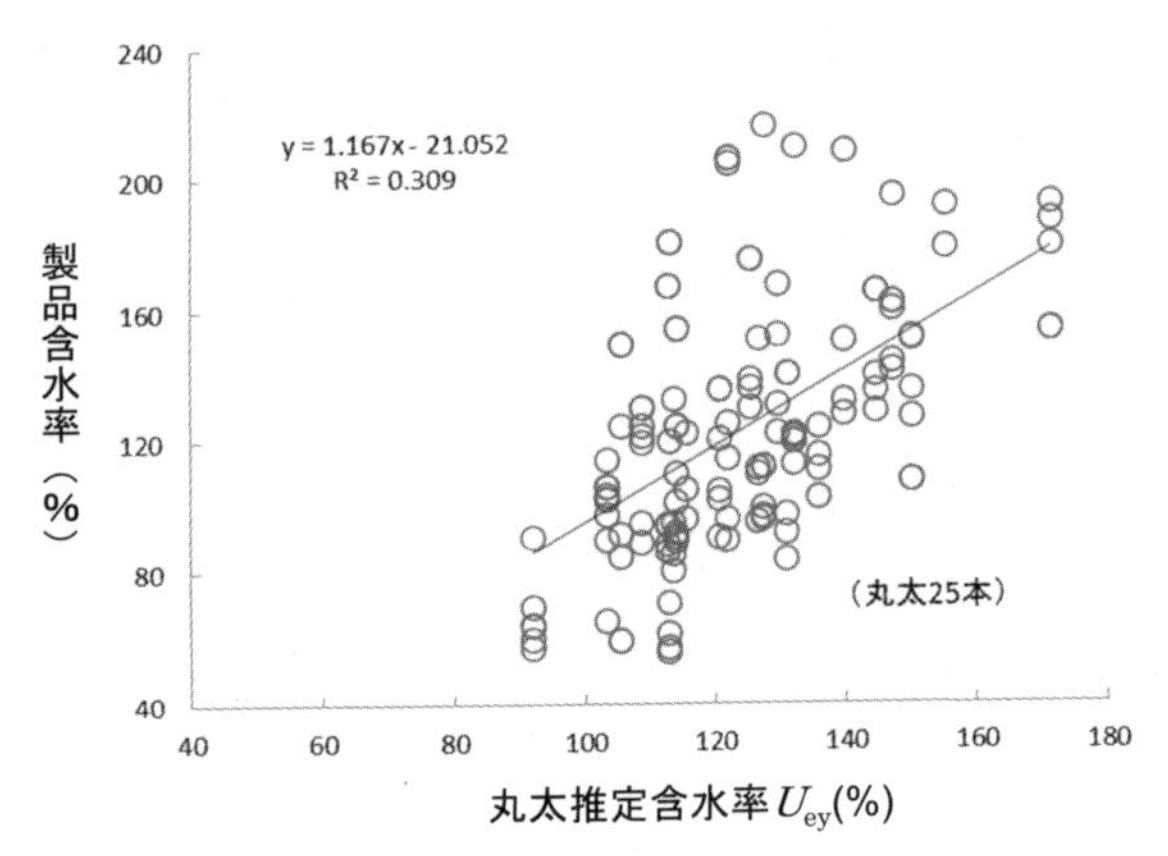


図５　丸太推定含水率$U_{ey}$と製品含水率の関係

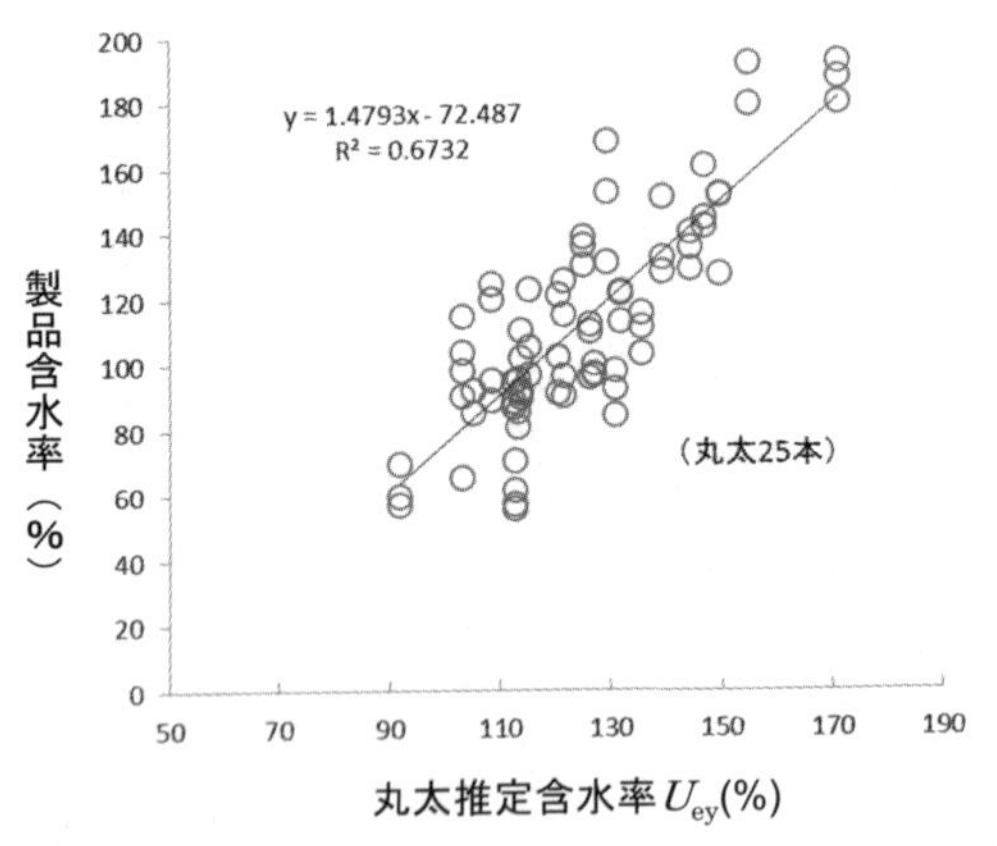


図６　丸太推定含水率$U_{ey}$と製品含水率の関係（心去り正角）

表１　含水率選別の有無による乾燥経費の違い

| 項目 | 単位 | 選別なし | 選別あり | |
|---|---|---|---|---|
| | | | 低含水率 | 高含水率 |
| 乾燥日数 | 日／回 | 27 | 16 | 27 |
| 年間回転数 | 回／年 | 12 | 8 | 8 |
| 年間生産量 | ㎥／年 | 600 | 400 | 400 |
| 月間生産量 | ㎥／月 | 50 | 33 | 33 |
| 初期含水率 | ％ | 120 | 75 | 145 |
| 目標含水率 | ％ | 20 | 20 | 20 |
| 生材１㎥あたり脱水量 | kg／㎥ | 288 | 176 | 400 |
| 不良品率 | ％ | 4 | 2 | 2 |
| 乾燥経費 | 円／㎥ | 15,359 | 10,062 | 17,344 |
| 乾燥経費（平均） | 円／㎥ | 15,359 | 13,703 | |

経済的効果を検討しました。

乾燥工程は、１機の乾燥機（導入費２５００万円）で初期含水率が40～２００％の心去り正角を乾燥するものとしました。選別を行わない場合はすべての材を27日で、選別を行う場合は初期含水率が40～１２０％とそれ以上の初期含水率の心去り正角とに分けて、交互に16日および27日で乾燥するとして生産量を決定し、経費を算出したのが表１です。なお、それぞれの乾燥工程において心去り正角は装置の最大許容量（50㎥）を乾燥し、年間稼働可能日数３４４日、スギ心去り正角の容積密度数を３２０kg／㎥と仮定しました。

含水率選別を行った場合の乾燥経費は１万３８３２円／㎥となり、行わない場合（１万５３５９円／㎥）に比べて製品１㎥当たり、約１６００円（約12％）の経費節減が見込まれました。これは、初期含水率による選別で過乾燥材を減らせることが主な要因です。

実際の装置導入では補助金が使える場合があり、またここでは人件費や諸経費を多めに見積もっているため経費の絶対値としての評価には改善の余地がありますが、含水率による選別が経費節減効果をもたらすことは明らかです。

以上の結果を踏まえると、中・大径材の選別・製材・乾燥システムは図7のようになります。

## 成果の利活用と今後の課題

材質選別のための非破壊評価法、大径材木取りや製材品の品質、乾燥材の生産コスト等の情報など普及に移し得る成果については、実務者向けの各種講習会テキストに取り入れられ、また国産材需要拡大のための工場設計指針や技術マニュアル等の整備に活用されます。さらに、高品質の乾燥材生産とその効率向上に向け、中・大径材に対応した製材工場において、材質選別を付加した生産ラインの導入を図っていくための参考資料として活用されます。

大径材の製材では、正角の他に、例えば高さ30cmを超える大断面の心持ちや心去りの平角から1～2cm厚の板までの多様な木取りが可能になるとともに、原木の材質と木取りによる付加

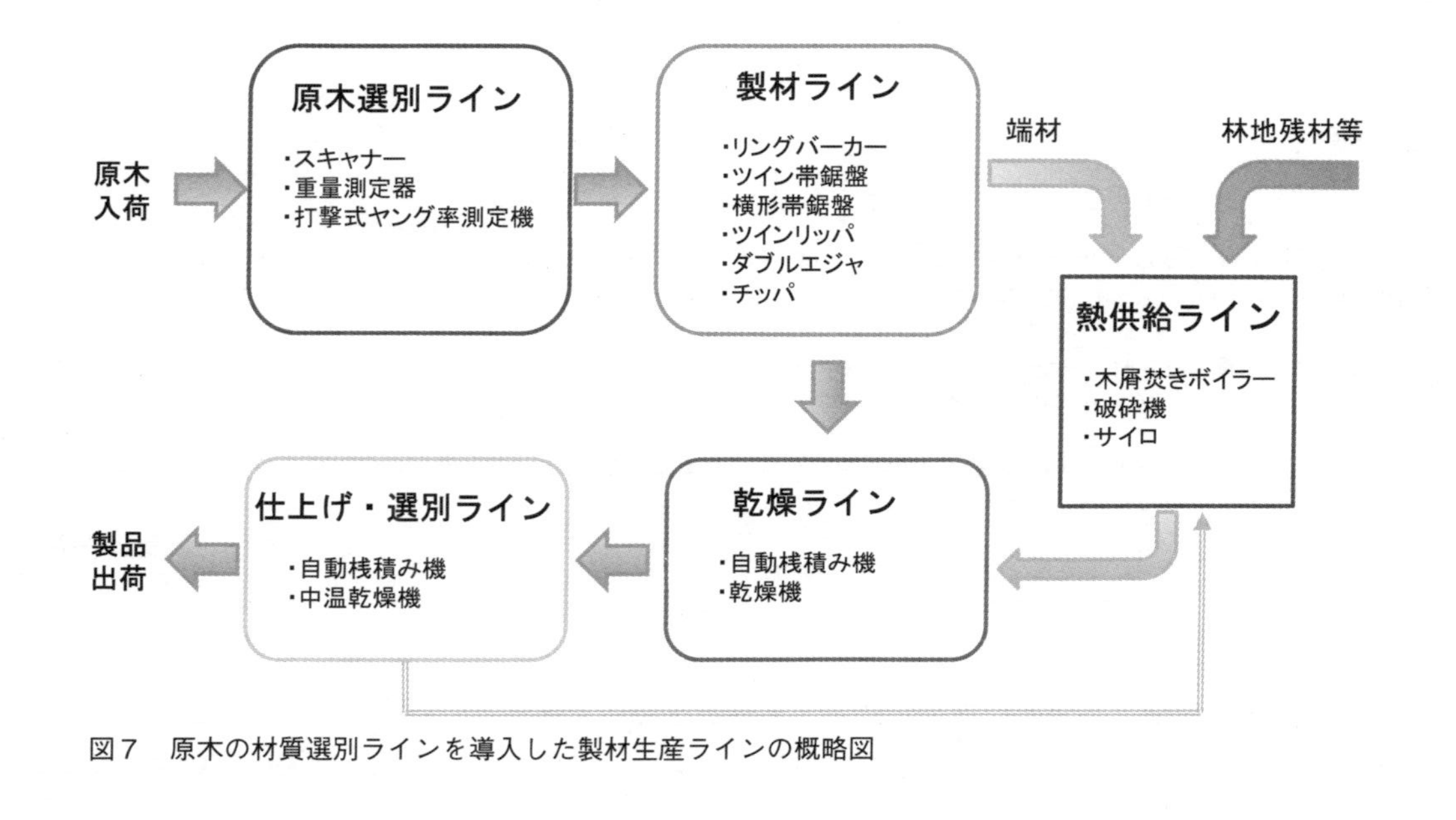


図7　原木の材質選別ラインを導入した製材生産ラインの概略図

価値の多様性も生じると考えられます。今後は、大径材の付加価値向上を図るうえで、それらの多様な断面の材種を効率よく生産するための選別・製材・乾燥システムの構築が課題となります。

## 参考文献


1) 釜口明子・中尾哲也・児玉泰義．２０００．横打撃共振法によるスギ立木の心材含水率非破壊的推定．木材学会誌．46(1)．13—19．

2) 鈴木養樹．２００５．電気的手法による木材中の水分量評価．木材工業．60(10)．４８３—４８８．

3) 松村ゆかり・伊神裕司・村田光司・松村順司．２０１３．スギ大径材から製材した心去り正角の品質．木材学会誌．59(3)．１３８—１４５．

4) Yukari Matsumura. Kohji Murarta. Yuji Ikami. Mika Ohmori. Junji Matsumura. 2013 Application of the wood properties of large-diameter Sugi（Cryptomeria japonica）logs to soring logs and sawing patterns. Journal of Wood Science. 59．２７１—２８１．

# スギ大径材から製材した心去り構造材の乾燥技術研究
## ―曲がり等材質と乾燥条件

宮崎県木材利用技術センター副所長兼材料開発部長
小田　久人（おだ・ひさと）

### 実験をはじめたきっかけ

#### 径級に応じた製材システムの変遷と現在の課題

図１に宮崎県内民有林の5年ごとのスギ齢級別面積の推移を示しました。１９８６（昭和61）年度末時点におけるピークは４齢級であり、昭和40年代前半の拡大造林により植栽された林分です。その後も、ピークの面積は徐々に減少しながら右に移動し、２０１２（平成24）年度末には、９齢級がピークとなっています。また、図２に宮崎県森林組合連合会の原木市場に

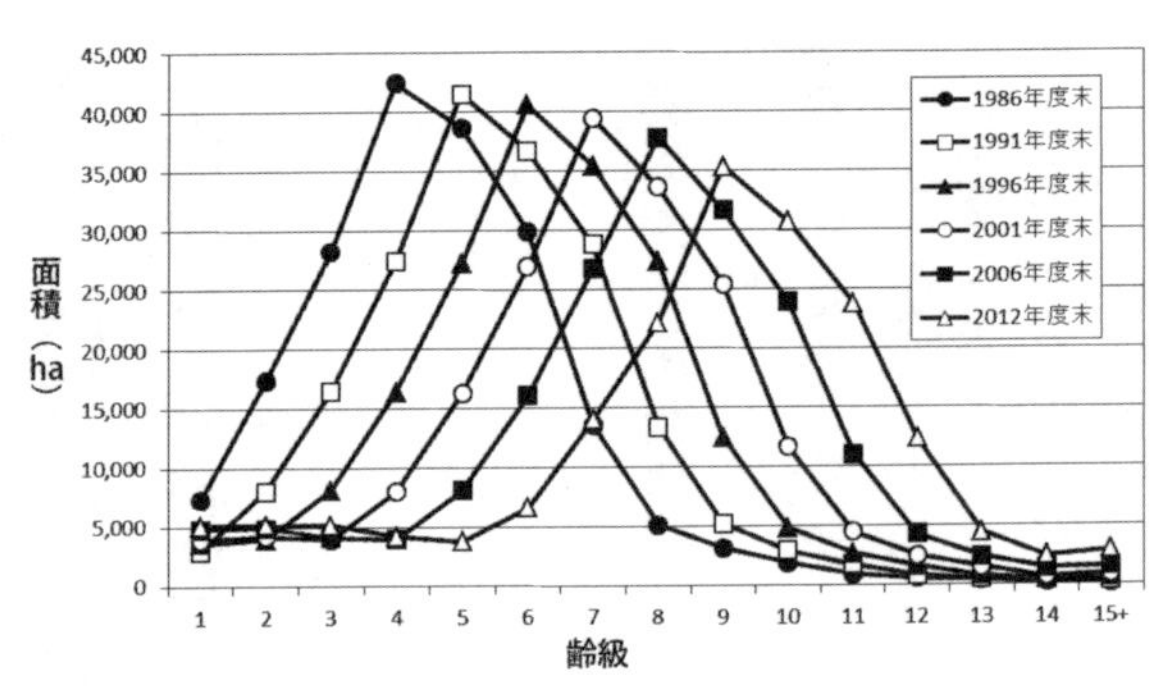


図１　宮崎県民有林齢級別面積の推移

おけるスギ径級別の入荷割合の推移を示しました。民有林スギ齢級別面積のピークが高い齢級に移るのと歩調を合わせて、径級の大きい材の出材割合が増えています。

これまでも、偏った齢級配置から生産される径級に応じて製材システムや用途が課題となってきました。１９７５（昭和50）年代には、間伐によって生産される間伐木（小径木）の利用が課題となり、宮崎県が全国に先駆けて間伐小径材を効率的に製材できるツインバンドソーやツイン丸鋸の導入に踏み切りました。１９８５（昭和60）年代になると、森林資源が充実する中で中目材の利用問題が浮上し、当時では素材消費量全国一となる国産材専門の大型製材工場等の整備や乾燥装置の導入と人工乾燥技術の開発等に取り組んできました。

近年、さらに森林資源の成熟度が高まる中で、国が間伐に重点を置いた政策に転換したことや、住宅着工戸数

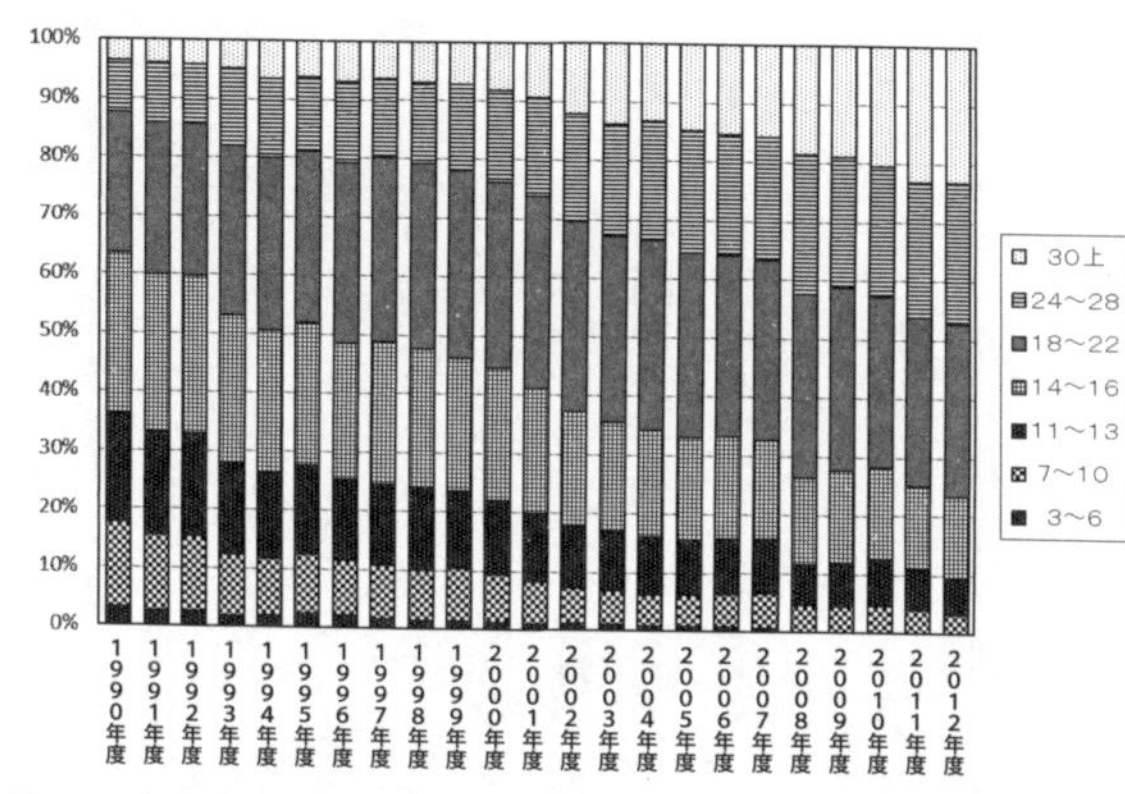


図２　宮崎県内の原木市場における径級別素材生産量割合（宮崎県森林組合連合会）

が減少し木材需要が低迷していることなどから皆伐が減少し、高齢級の林分が増加しています。２０１２（平成24）年度には、主伐期を超えた８齢級以上の林分が約72％に達し、直径30㎝以上の大径材が市場流通材の２割を占めるに至っています。今後、ますます高齢級化が進み、大径材の出荷量が増えてくることは確実であり、大径材にふさわしい商品開発が大きな課題です。

## 過去の大径材製材とは異なる品質基準が必要

県内の中堅製材工場で聞き取り調査したところ、１９６５（昭和40）年代にスギ大径材から心去り柱材を製材していたことがわかりました。当時は、役物材全盛時代であり、割柱以外に無節の鴨居や長押を生産していました。いくら製材手間がかかろうと役物材が何本とれるかが勝負の製材方法です。現在の工場長などが駆け出しの頃で、台車に乗って腹押しの製材技術を身につけたと懐かしく語っておられます。

それから30年以上経過して、再び大径材の製材技術がよみがえろうとしていますが、構造材を取り巻く環境の変化に留意する必要があります。現在の構造材は乾燥材であることが不可欠となっており、往事とは根本的に製材に対する要求品質が異なっています。表面割れの幅と長さ、曲がりの大きさ（中央矢高）など細かな品質基準を定める必要があります。特に心持ち構造材との比較で、心去り材の特徴を前面に打ち出すことが重要と考えられます。

折しも、林野庁の「水平連携促進事業」に本県が採択され、県内製材工場の連携を目指す中で大径材の問題が指摘されました。これを契機に宮崎県木材利用技術センターの研究課題に取り上げると同時に、引き続き林野庁の事業を活用した県木連との共同の取り組みがスタートしました。

この事業では、心去り材を製材する上で最大の懸念事項である曲がりが含水率低下のどの段階で発生するかを最初に検討しました。その後、天然乾燥と人工乾燥の条件や経過を検討しました。

## 実験方法

### 心去り材の曲がり発生時期の把握

県産スギ丸太（長さ３ｍ）を用い１本の丸太から断面寸法約14×14㎝の正角材を４本ずつ製材しました。得られた40本の試験材の重量や寸法を測定した後、乾球温度80～１００℃、乾湿球温度差５～20℃で７日間人工乾燥しました。

この乾燥条件は目標含水率15％の一般的な乾燥スケジュールと比較し不十分ですが、先に述べたように、目標を不十分な乾燥で出荷された正角材の曲がり発生時期の把握としたためです。人工乾燥終了後１週間の養生期間を置いて所定の断面寸法である１２０㎜にモルダー加工し、実験室内に置き定期的に重量や寸法および中央部の矢高を測定した後、最終的には全乾法の含水率を求めました。

### 天然乾燥（木取りによる寸法変化を比較―柾目木取りと板目木取り）

宮崎県産の末口直径60㎝以上の大径材５本から心去り平角材（幅13㎝、厚さ25㎝、長さ４ｍ）を製材しました。木取りは、広い面に柾目面が現れる柾目木取りを２本と板目面が現れる板目

写真　天然乾燥試験材の木取り方法（上下：板目、左右：柾目）

木取りを2本製材した（写真）ので試験材を合計20本得ました。このうち、原木1本分の4本は含水率分布測定用試験材としました。寸法は、両木口から50cmの位置と長さ方向中央部の3ヵ所で4材面をノギスで測定しました。同時に、重量と表面割れ長さを測定しました。測定は製材直後、10日後、20日後および30日後に行い、以降は30日ごとに150日後まで行いました。

## 人工乾燥（正角材と平角材の重量、寸法、曲がりを測定）

心去り構造材を製材する多様な木取り方法の中から、ここでは図3の二つを試みました。すなわち、正角材が柾目木取りの場合と板目木取りの場合です。平角材はいずれも板目木取りとしました。

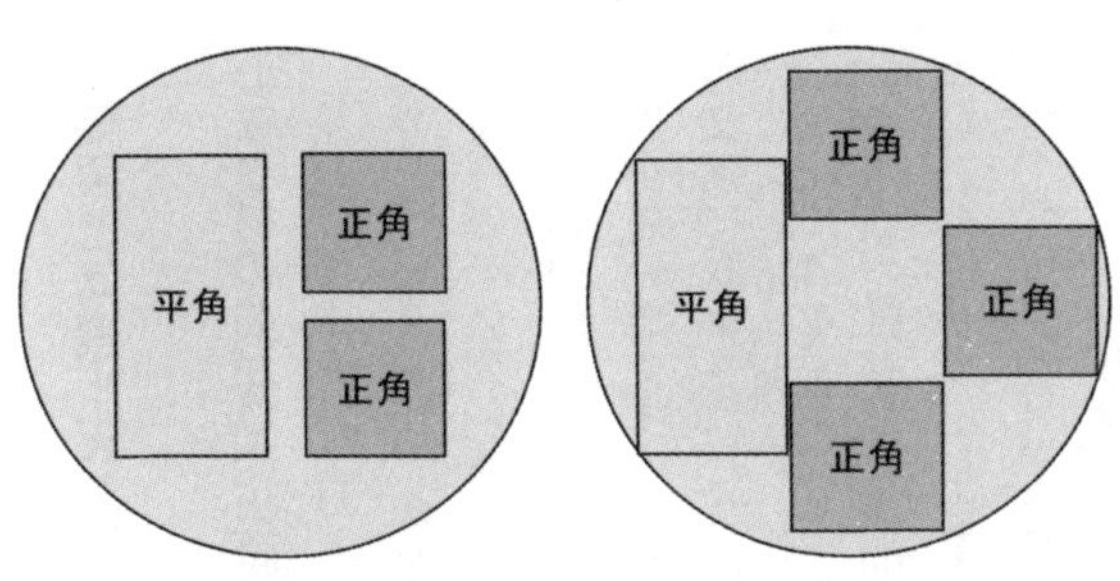


図３　人工乾燥試験材の木取り（左：柾目木取り、右：板目木取り）

乾燥実験は柾目木取り、板目木取りの順で行い、柾目木取りの乾燥後含水率結果を参考に板目木取りの乾燥スケジュールを延長するなど調整しました。県産のスギ大径材を用い、木取り方法にしたがって経験のある製材工場で製材後当センターへ搬入し、重量、寸法、曲がりなどを測定しました。２～３週間の天然乾燥後、所定の乾燥スケジュールに従い蒸気加熱式木材乾燥機で人工乾燥しました。

次に乾燥後の状態を測定し、試験片を切り出して全乾法により含水率を求めました。想定した製品寸法は正角材で１０５㎜角、平角材で１０５×２１０㎜であり、それに対応する製材寸法は、正角材の柾目木取りで１２３×１３５㎜、板目木取りで１２７㎜角、平角材は両木取りとも約１２５×２２０～２２５㎜としました。

## 結果と考察──天然乾燥

### 心去り材の曲がり発生時期

見かけの密度および含水率の推移を図4、5に示します。モルダー加工後に見かけの密度が上昇していますが、含水率の低い表層部分が削り取られたためと考えられます。

最終の125日経過時の測定値を用い、文献[1]に記載されている式で求めた含水率15%時の見かけの密度は353kg/㎥で、同文献に記載されているスギ材の平均値411kg/㎥より14%小さい値です。これは、スギ材の半径方向密度変動の影響によると思われます。すなわち、同文献に収集されたスギ構造材の多くが心持ちであり、対する心去り柱材は木口面で密度が低下する外側の占める割合が高いためと推測されます。

含水率の推移は代表的な5本と高温セットした心持ち柱材のモルダー加工後に行った天然乾燥経過も併せて示します。モルダー加工後の天然乾燥開始時期は本研究の心去り柱材が8月中旬で、心持ち柱材が2月初旬と異なりますが、乾燥速度は心去り柱材のほうが速いと言えます。

また、長さ方向中央部の矢高を含水率20%までに発生した量とそれから天然乾燥終了時まで

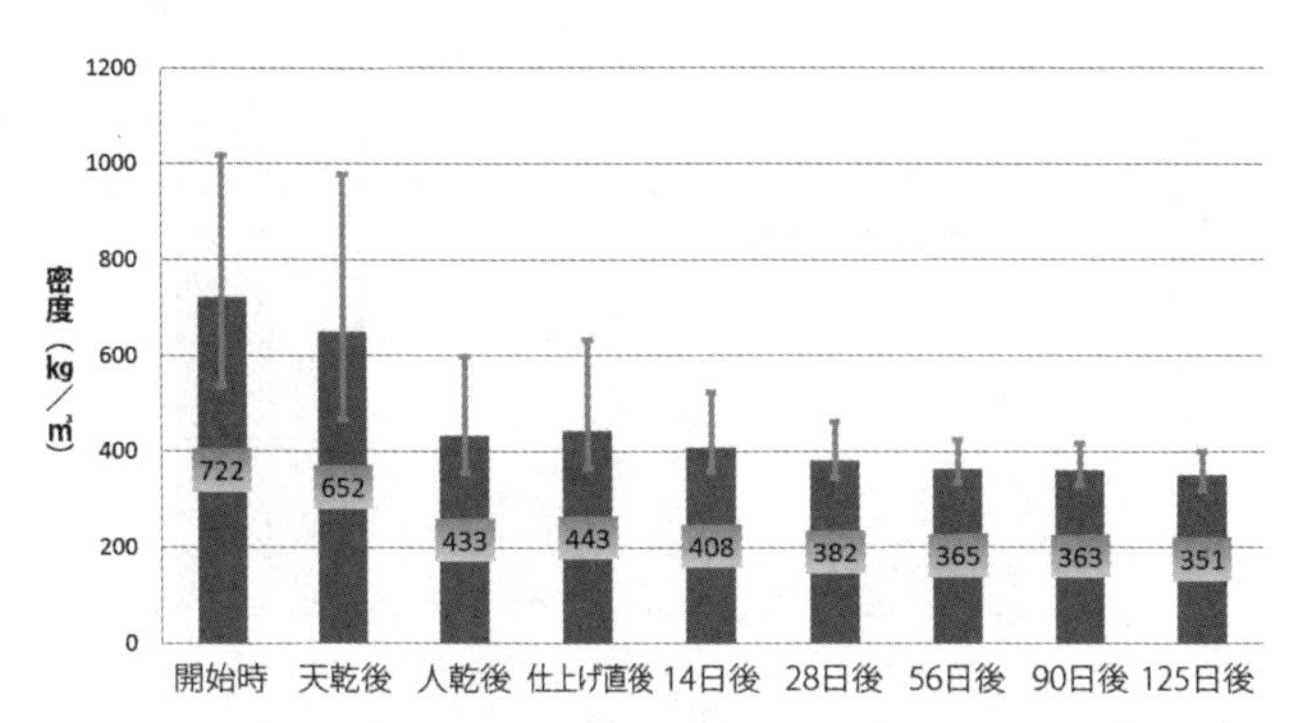


図４　見かけの密度の推移

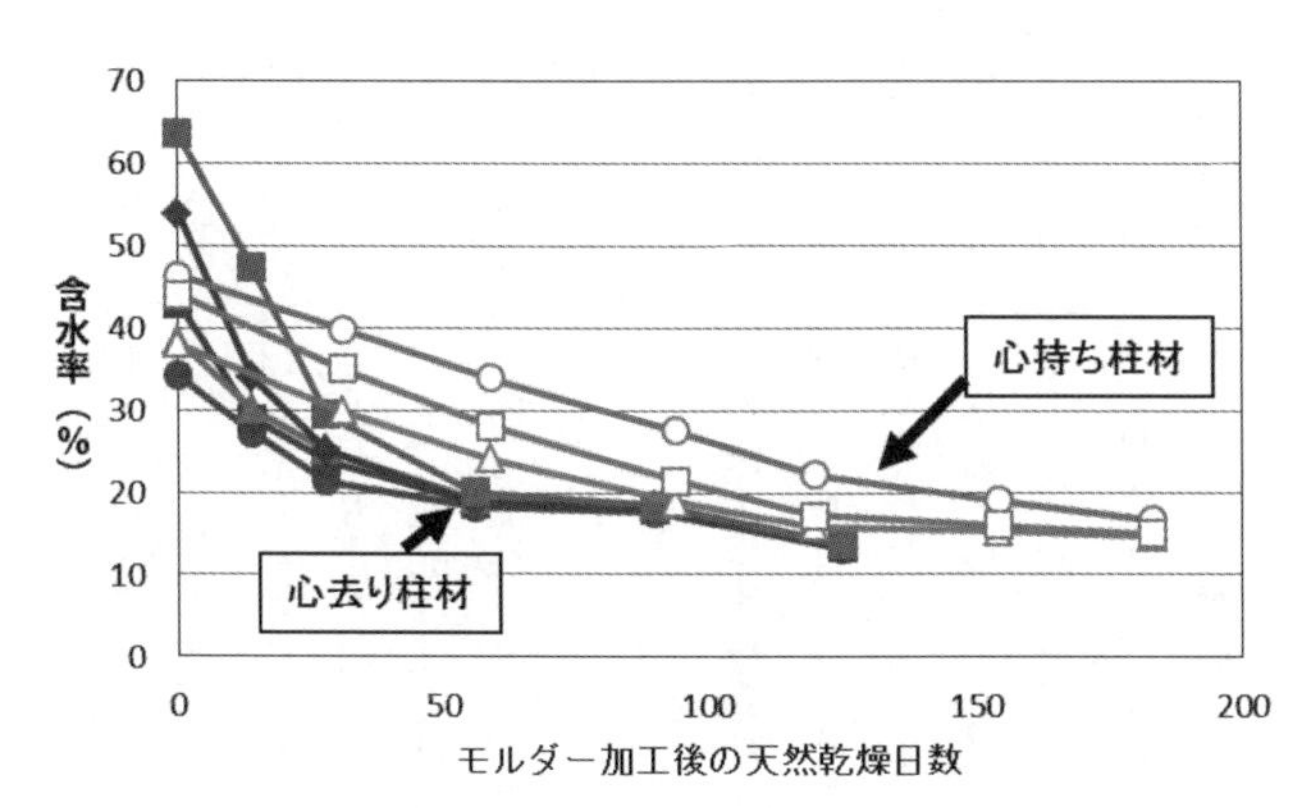


図５　モルダー加工後の含水率推移の比較

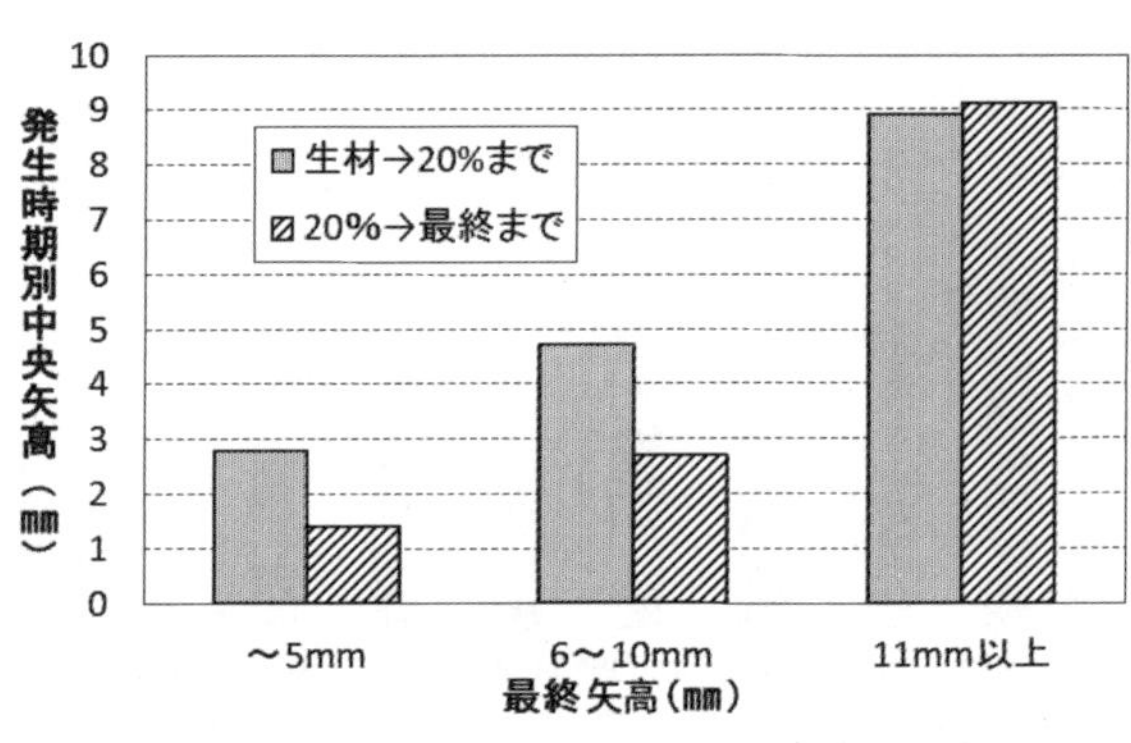


図６　乾燥途中の含水率時期別に比較した中央矢高の大きさ

に発生した量に区分して検討しました。その結果（図6）、矢高の発生は含水率20％までの量とその後に発生した量はほぼ変わらないことがわかりました。

四丁取りした心去り正角材は乾燥を十分に行い、曲がりを修正した上で製品に仕上げなければ、施工後に曲がりが発生する可能性は高く、精度の高い乾燥技術が求められます。

## 天然乾燥―木取り別の平均重量変化と表面割れ

図7に木取り別の平均重量変化率を示します。150日間の天然乾燥における重量減少率は、柾目木取りで約40％、板目木取りで約43％となり、板目木取りのほうがやや大きい傾向を示しました。一方、含水率は、曲げ試験を行った8本（原木2本分）を見ると、木取りにかかわらず、製材直後の約110％から天然

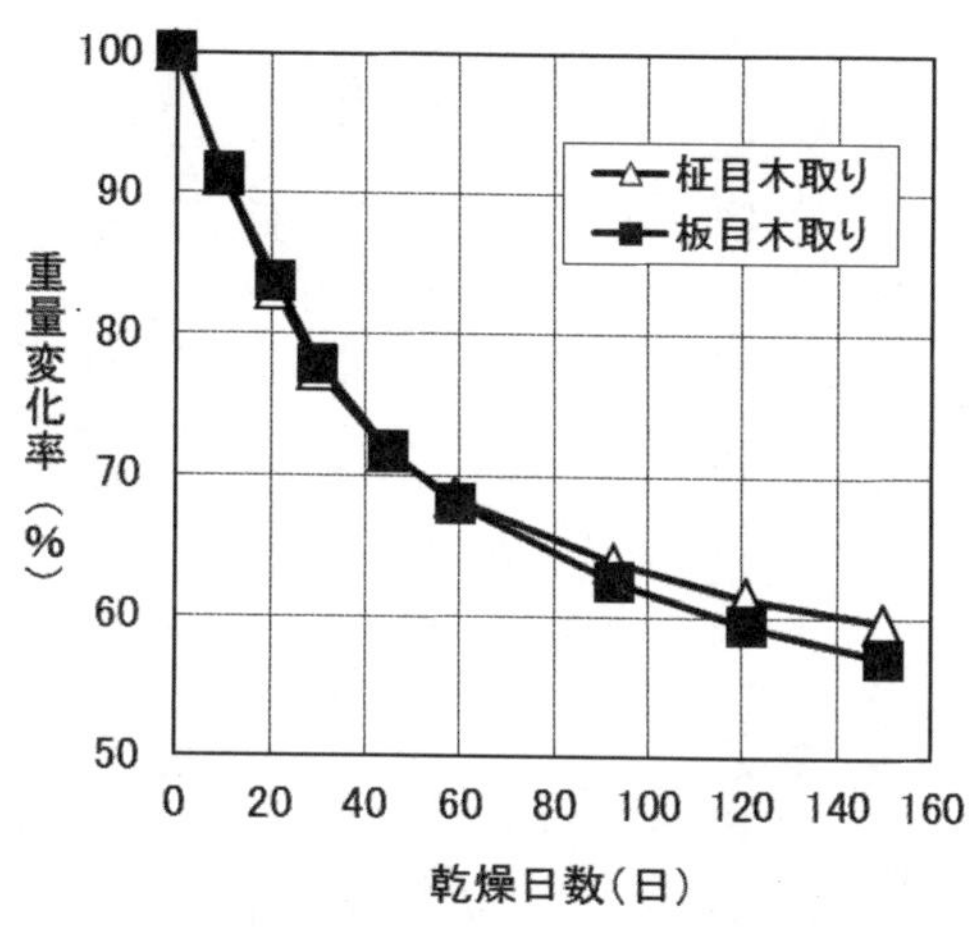


図７　天然乾燥における木取り別重量変化率

乾燥終了時は約30％まで低下しました。

天然乾燥終了時に寸法変化率の最大材面は、柾目木取りの板目面が現れる狭い面（木表側）で約１・７％です。その他の材面は１％程度と小さいことがわかります。また、表面割れは、天然乾燥21日後に板目木取りの広い面の木表側に発生し、乾燥の進行に伴い長さ、幅ともに増大しましたが、柾目板木取りにはほとんど発生していません。

## 天然乾燥—心去り材と心持ち材と表面割れの比較

ここで、２０００（平成12）年度に行った心持ち平角材（13㎝×25㎝、長さ４ｍ）の天然乾燥試験と比較します。この試験は、屋外の屋根のある場所で32本を天然乾燥したものです。

天然乾燥162日後の含水率は、初期含水率100%以下の場合には天然乾燥後は31%となり、初期含水率が100%を超える場合には天然乾燥後に62%となりました。さらに、327日後の含水率は、それぞれ22%と35%でした。

心持ち材の含水率の低下について心去り材の場合と比較すると、天然乾燥による含水率低下はやや小さい程度ですが、表面割れの発生状況は大きく異なります。心去り材の場合、表面割れが発生する材面は柾目木取りの狭い面の木表側、板目木取りの広い面の木表側にほぼ限定されます。それに対し、心持ち材は4材面すべてに表面割れが発生し、特に広い面は2面ともに大きな割れが発生する可能性は高いと言えます。

## 天然乾燥材と人工乾燥材の含水率分布比較

製材直後、天然乾燥終了時および人工乾燥後の含水率分布を見ると、製材直後はどの部分も100%を超えており、天然乾燥終了時は、周辺部は30%以下に低下していますが、中心部は100%を超える部分があります。特に、板目木取りの1本は中心部は200%を超えるなど高い含水率です。

人工乾燥終了時は、周辺部の含水率が10％程度に低下しますが、その内側の含水率は30％から50％で高い部分は１００％を超えます。平均含水率は、30％から44％であり不十分な乾燥に終わっています。ただし、含水率分布試験材は生材重量の重い高含水率材で、したがって人工乾燥後の含水率も高かったと推察されます。

## 結果と考察——人工乾燥

### 人工乾燥——柾目木取り、板目木取りの含水率の変化

柾目木取り、板目木取りの両試験の乾燥スケジュールを図８、９に示します。

柾目試験材では正角材が過乾燥にならないよう乾燥期間を14日間とし、乾湿球温度差25℃差までとやや穏やかな条件としました。板目試験材は、平角材の乾燥が十分となることと心去り材は乾湿球温度差が30℃でも割れなどの欠点はほとんどないとの予測から、前者より厳しい条件としました。

人工乾燥後の正角材の平均含水率は、柾目木取りで16％、板目木取りで12％でした。一方の平角材は、それぞれ、20％、21％で、板目木取りの平角材において、乾燥時間を延長した効果

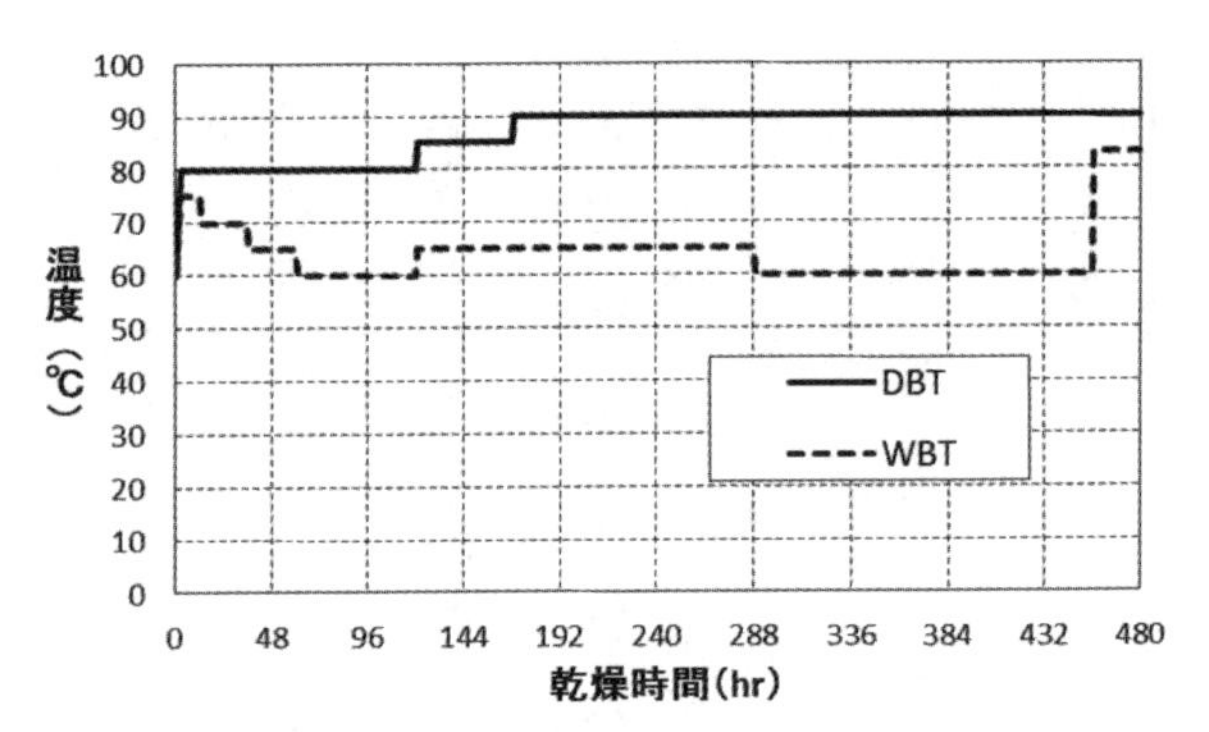


図８　柾目試験材の乾燥スケジュール

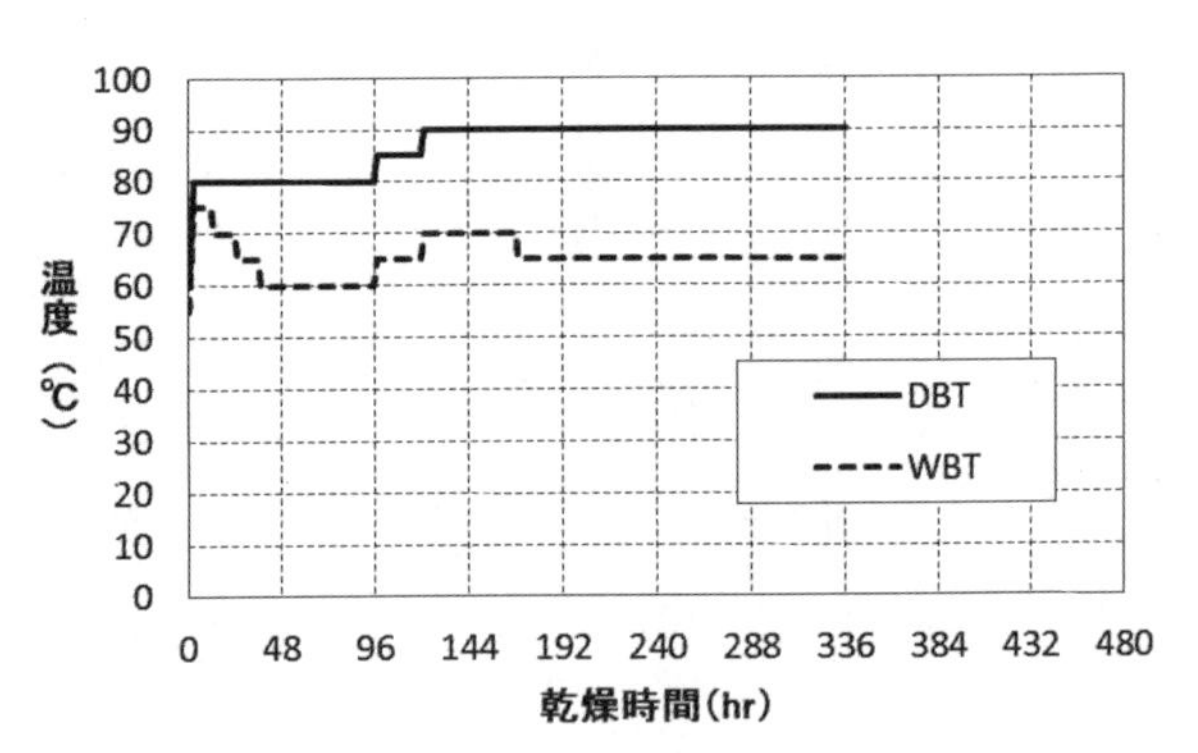


図９　板目試験材の乾燥スケジュール

が見られません。これは乾燥性の悪い試験材が含まれていたためと推察され、さらなる検討が必要です。

また、乾燥前後の含水率の関係を見ると（図10）、乾燥条件設定の想定どおり、柾目試験材の含水率20％以上の本数は、正角材で6本（6本／37本＝16・2％）、平角材で7本（7本／15本＝46・7％）と平角材で乾燥不足の試験材が多くあります。一方の板目試験材は、同様に正角材で3本（3本／30本＝10％）、平角材で9本（9本／25本＝36％）となり、乾燥時間の延長並びに乾湿球温度差を拡大した効果が一定程度見られました。

## 人工乾燥─柾目および板目木取り正角材の曲がり

平角材の曲がりは主に長い辺の木表側に見られますが、大きくても5㎜程度と顕著ではないので正角材の曲がりを検討します。人工乾燥直後の曲がり、すなわち中央矢高の大きさの分布を図11に示します。どちらの木取りでも10㎜以下の曲がりは発生しますが、それを超える大きな曲がりは板目木取りのほうが多いことがわかります。

また、これらのうち柾目および板目木取り試験材を所定の寸法である105㎜正角にモルダー加工した後の曲がりの関係は、両木取りともモルダー加工後2カ月が経過した後では曲が

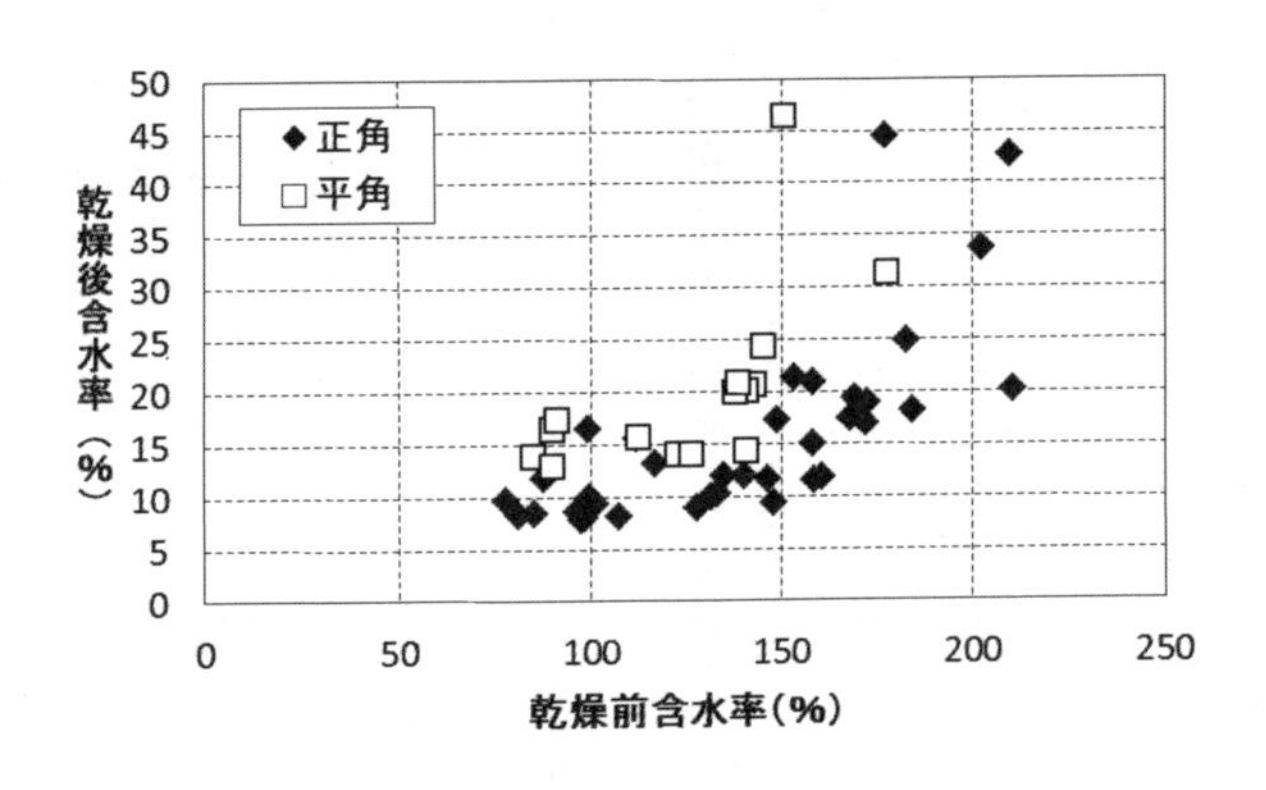


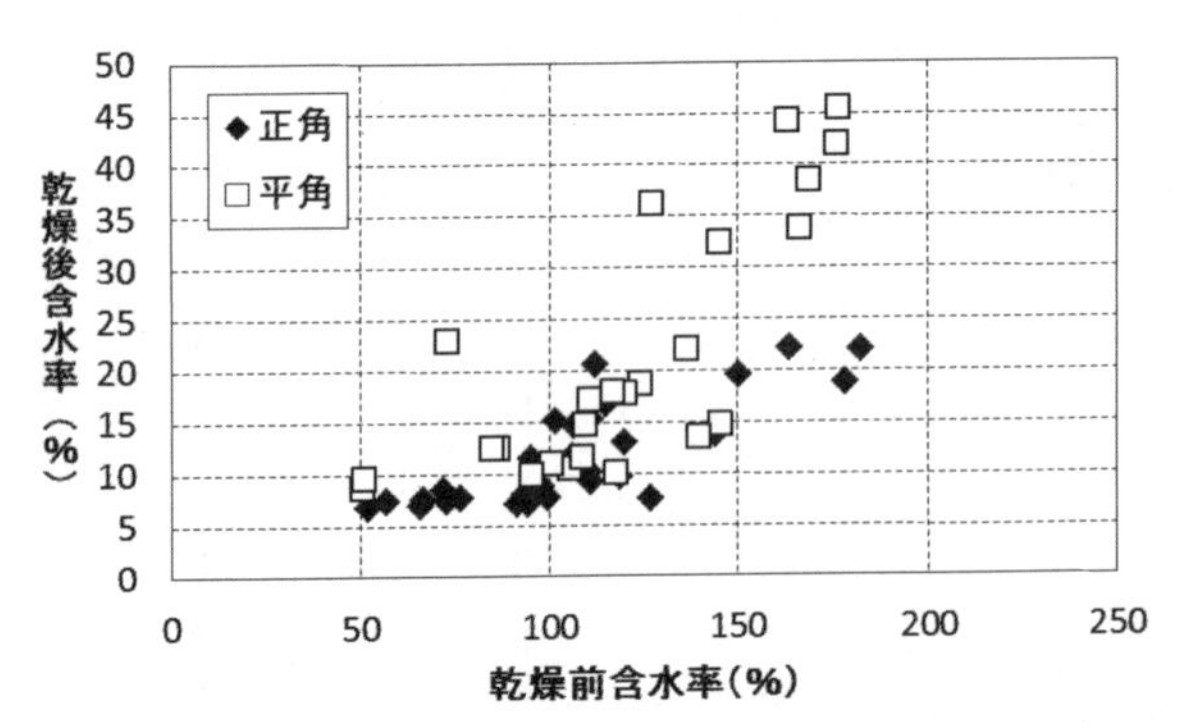


図10　乾燥前後の含水率の関係（上：柾目試験材、下：板目試験材）

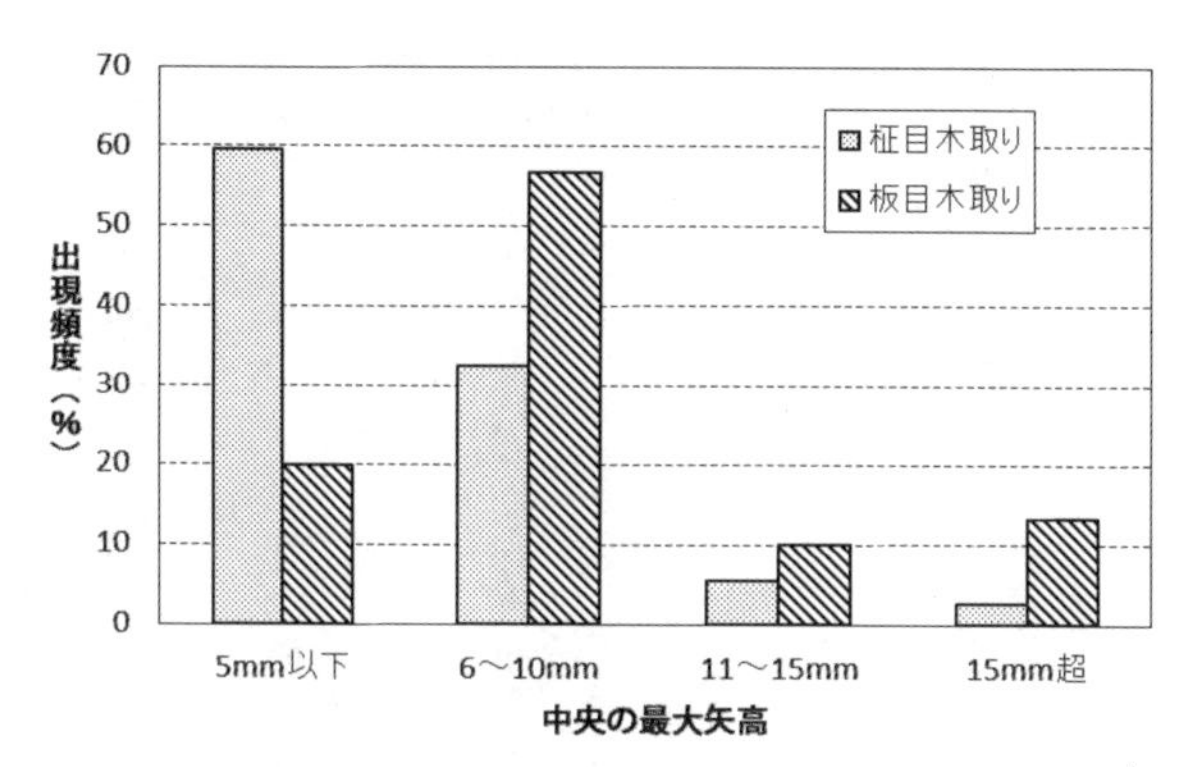


図11　人工乾燥直後の中央矢高の出現頻度

りが進展し５㎜を超える材が見られますが、その出現割合は板目木取りが高くなっています。これは含水率が低下する過程で変形したものと推察され、20％以下の含水率が変形抑制のために不可欠といえます。

人工乾燥前後における寸法収縮率の出現割合は、木取りの違いにより差異がありますが、幅（接線方向：年輪走行に接する方向）、厚さ（半径方向：年輪走行に直行する方向）とも最大で５％程度の収縮率と見積もることができます。すなわち、正角材（１０５㎜角）で６㎜、平角材の長辺（２１０㎜）で12㎜です。

## まとめ―製材の歩増し寸法、乾燥条件が明らかに

スギ大径材から心去りの構造材を製材し、含水率の低下にしたがって発生する曲がりや断面寸法の収縮の大きさを検討しました。その結果、製材の歩増し寸法や乾燥条件を明らかにすることができました。

仕上がった製品を木材流通関係者で確認したところ、含水率や表面割れなど住宅部材として評価できるとの結論を得ています。現在、さらなる生産技術の改善を目指して事業に県木連など関係者と一丸となって取り組んでいるところです。

参考文献

1) 木構造振興株式会社．2011．平成22年度「住宅分野への地域材供給シェア拡大総合対策事業」長期優良住宅に対応した地域材製品の開発等事業報告書．

2) 小田ほか2名．2011．スギ大径材から製材した心去り平角材の乾燥．日本木材加工技術協会第29回年次大会．岡山市．

3）小田・松元：２０１１．高温乾燥したスギ心持ち柱材の寸法変化．第61回日本木材学会大会．ＣＤ—ＲＯＭ．京都市．
4）小田・松元：２０１３．四丁取りしたスギ心去り柱材の寸法変化．第63回日本木材学会大会．ＣＤ—ＲＯＭ．盛岡市．
5）兒玉・小田：２０１４．スギ心去り構造材の乾燥性．第21回日本木材学会九州支部大会講演集．熊本市．

# 徳島県産スギ大径材からのツーバイフォー部材の強度性能調査

徳島県立農林水産総合技術支援センター次世代林業戦略担当上席研究員
坂田　和則（さかた・かずのり）

## はじめに

近年ツーバイフォー住宅の建築戸数が増加してきており、特に「公共施設等における木材利用促進法」の施行以降、準耐火構造が要求される福祉施設等の中規模木造建築物の需要が高まることが予想されています。しかしながら、その部材にはほとんど外材（ＳＰＦ）が使用されており、強度や流通コストの課題等があり、国産材の利用は本格的なものとはなっていません。

そこで県産スギのツーバイフォー部材としての需要拡大を目的とし、２０４～２１２の５種

表1　各ツーバイフォー部材の寸法

| サイズ | 204 | 206 | 208 | 210 | 212 |
|---|---|---|---|---|---|
| 呼称 | ツー・バイ・フォー | ツー・バイ・シックス | ツー・バイ・エイト | ツー・バイ・テン | ツー・バイ・トゥエルブ |
| 幅（mm） | 38 | 38 | 38 | 38 | 38 |
| 梁せい（mm） | 89 | 140 | 184 | 235 | 286 |

類のサイズ（表1）について、曲げ、圧縮、引張り、せん断、めり込み試験を行い、強度データを収集しました。

なお、この試験は、平成21年度林野庁補助事業2×4住宅部材の開発事業において、徳島市の大利木材㈱が事業主体となり、当研究所と行ったものです。

## 尺上材から試験材料を調達

供試丸太として、県内市場2カ所でスギ丸太247本を用いました。地域別内訳は、三好地域のものが約40%、那賀地域のものが約60%でした。幅広の材料を挽く必要があったことから、尺上（末口径34cm以上）を中心に調達しました。

この丸太から3～5枚をタイコ挽きし、「枠組み壁工法構造用製材の日本農林規格」に定める寸法形式204～212までの部材を採取し、節等の欠点等から「目視等級甲種2級」を選別しました。

表２　動的ヤング係数

（単位：$10^3$N/㎟）

| サイズ | 204 | 206 | 208 | 210 | 212 |
|---|---|---|---|---|---|
| 試験体数 | 30 | 30 | 30 | 30 | 30 |
| 最小 | 3.84 | 4.28 | 5.51 | 4.29 | 3.19 |
| 平均 | 6.12 | 6.31 | 8.61 | 6.61 | 6.84 |
| 最大 | 9.96 | 8.92 | 13.81 | 9.64 | 9.79 |
| 標準偏差 | 1.65 | 1.19 | 1.59 | 1.44 | 1.41 |
| 変動係数 | 27.1% | 18.9% | 18.5% | 21.8% | 20.7% |

さらに、45日間、天然乾燥（桟積）を施した後、蒸気中温式人工乾燥装置で含水率15％以下に調整したものを各試験に供しました。

## 各種強度試験と結果

### 動的ヤング係数

長さ４ｍで断面２０４、２０６、２０８、２１０、２１２の５種類の部材各30体を試験に供しました。幅、厚さをデジタルキャリパーで、質量を台秤で、長さをコンベックスで、基本振動周波数を小野測器製ポータブルサウンドアナライザーで測定し、縦振動法による動的ヤング係数を求めました。

動的ヤング係数試験の結果を表２に示しました。「枠組壁工法構造計算指針」による、ＳＰＦ材の基準値は９・６Ｎ／㎟となっていますが、それに比べると約30％低い値となりました。

## 曲げ試験

２０４、２０６、２０８、２１０、２１２の５種類の部材各30体を試験に供しました。島津製作所製の木材実大強度試験機を用い、曲げ試験時のスパン等は表３のとおりです。クロスヘッド速度(*)は、10～20㎜／分で、試験時間３分を目標にし、曲げ強度、曲げヤング係数を求めました（図１）。

曲げ試験結果を表４に示しました。「枠組壁工法構造計算指針」によるＳＰＦ材の基準値は21・６Ｎ／㎟と定められていますが、２０６、２０８、２１０、２１２の５種類のサイズにおいては、ほぼ同等以上となりました。２０４で低い値となっていますが、木取り上、材芯部から採材し、未成熟材の部分が混在したことも一因と思われます。

＊測定機の試験体に荷重を加えていく部分の速度。

表３　曲げ試験スパン条件

| サイズ | 204 | 206 | 208 | 210 | 212 |
|---|---|---|---|---|---|
| 幅（mm） | 38 | 38 | 38 | 38 | 38 |
| 梁せい（mm） | 89 | 140 | 184 | 235 | 286 |
| せん断スパン（mm） | 450 | 700 | 920 | 1,200 | 1,450 |
| 荷重点間距離（mm） | 450 | 700 | 920 | 1,200 | 1,000 |
| スパン（mm） | 1,350 | 2,100 | 2,760 | 3,600 | 3,900 |
| 余長（mm） | 200 | 200 | 200 | 200 | 200 |
| 材長（mm） | 1,550 | 2,300 | 2,960 | 3,800 | 4,100 |
| せん断スパン/梁せい | 5.06 | 5.00 | 5.00 | 5.11 | 5.07 |

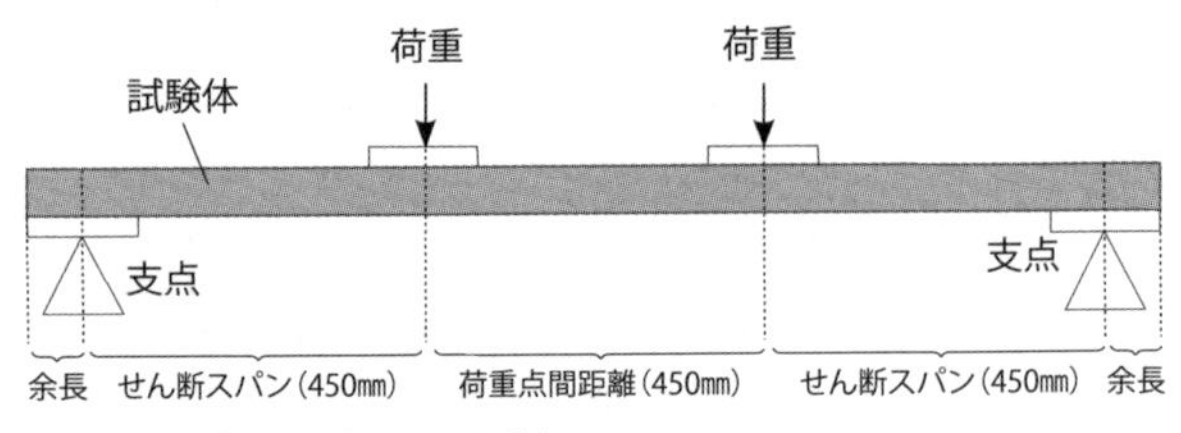


図１　曲げ試験（204の場合）

表４　曲げ試験結果

| | 204 | | 206 | | 208 | | 210 | | 212 | |
|---|---|---|---|---|---|---|---|---|---|---|
| | 曲げ強度(N/㎟) | 曲げヤング($10^3$N/㎟) | 曲げ強度(N/㎟) | 曲げヤング($10^3$N/㎟) | 曲げ強度(N/㎟) | 曲げヤング($10^3$N/㎟) | 曲げ強度(N/㎟) | 曲げヤング($10^3$N/㎟) | 曲げ強度(N/㎟) | 曲げヤング($10^3$N/㎟) |
| 試験体数 | 30 | 30 | 30 | 30 | 30 | 30 | 30 | 30 | 30 | 30 |
| 最小 | 15.6 | 3.41 | 17.9 | 4.80 | 23.5 | 6.11 | 17.6 | 4.35 | 16.6 | 4.87 |
| 平均 | 34.1 | 5.21 | 37.3 | 6.70 | 42.6 | 8.87 | 33.3 | 6.62 | 33.4 | 6.77 |
| 最大 | 53.6 | 8.39 | 52.6 | 10.20 | 60.8 | 12.61 | 43.8 | 10.09 | 45.4 | 11.3 |
| 標準偏差 | 9.6 | 1.34 | 8.3 | 1.30 | 10.0 | 1.38 | 7.0 | 1.21 | 6.7 | 1.38 |
| 変動係数 | 28.2% | 25.6% | 22.3% | 19.7% | 23.6% | 15.6% | 21.0% | 18.2% | 20.0% | 20.4% |
| 危険率5%下限値 | 18.3 | | 23.6 | | 26.1 | | 21.8 | | 22.4 | |

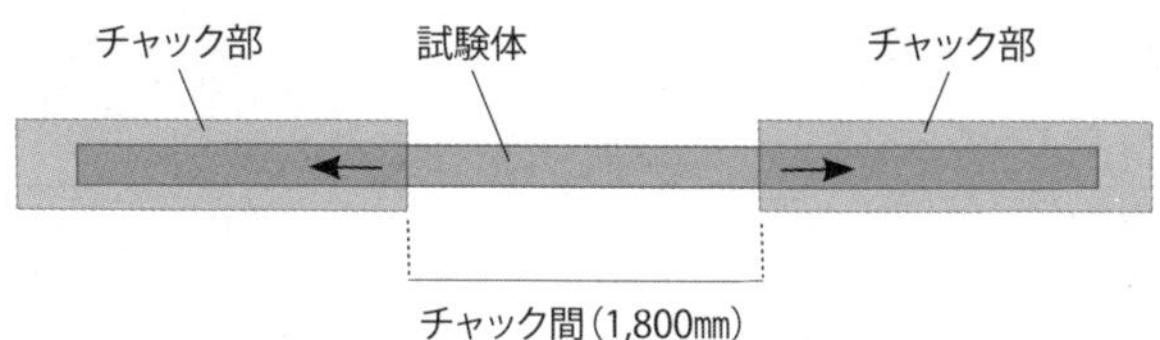


図２　引張り試験

表５　引張り試験結果

（単位：N/㎟）

| サイズ | 204 | 206 | 208 | 210 |
|---|---|---|---|---|
| 試験体数 | 30 | 30 | 30 | 30 |
| 最小 | 15.5 | 16.2 | 15.2 | 13.5 |
| 平均 | 24.0 | 27.5 | 26.1 | 21.8 |
| 最大 | 39.7 | 40.8 | 41.6 | 35.8 |
| 標準偏差 | 6.0 | 6.8 | 6.5 | 5.4 |
| 変動係数 | 24.9% | 24.5% | 25.1% | 24.8% |
| 危険率5%下限値 | 14.2 | 16.4 | 15.3 | 12.9 |

## 引張り試験

長さ４ｍ材で断面２０４、２０６、２０８、２１０の４種類各30体を試験に供しました。飯田工業製引張り試験機を用い、チャック間を１８００㎜とし、試験時間１分以上で破断するように加力し、引張り強度を求めました（図２）。

引張り試験結果を表５に示しました。「枠組み壁工法構造用製材の日本農林規格」における甲種２級の基準値は11・４Ｎ／㎟と定められていますが、すべてのサイズの下限値は、この値を上回りました。

## 圧縮試験

２０４、２０６、２０８、２１０、２１２の５

表6　圧縮試験結果

（単位：N/㎟）

| サイズ | 204 | 206 | 208 | 210 | 212 |
|---|---|---|---|---|---|
| 試験体数 | 30 | 30 | 30 | 30 | 30 |
| 最小 | 25.2 | 23.5 | 24.2 | 18.3 | 23.8 |
| 平均 | 30.1 | 27.6 | 32.6 | 24.3 | 26.8 |
| 最大 | 37.9 | 31.3 | 45.0 | 32.4 | 30.6 |
| 標準偏差 | 4.4 | 2.2 | 5.3 | 4.4 | 1.5 |
| 変動係数 | 14.6% | 7.9% | 16.2% | 18.3% | 5.4% |
| 危険率5%<br>下限値 | 22.9 | 24.0 | 23.9 | 17.0 | 24.4 |

種類のサイズについて、試験体の長さをそれぞれ２００㎜、３００㎜、４００㎜、５００㎜、６００㎜としました。試験体数は各サイズ30体としました。島津製作所製木材実大強度試験機において、最大荷重まで1分以上で載荷し、圧縮強度を求めました。

圧縮試験結果を表6に示しました。「枠組み壁工法構造用製材の日本農林規格」における甲種2級の基準値は17・4N／㎟と定められていますが、すべてのサイズの下限値は、この値を上回りました。

### せん断試験

せん断面20㎜×38㎜のイス型試験体を、せん断面が板目面となるもの30体、柾目面となるもの30体を試験に供しました。インストロン製万能材料試験機で、試験時間が1分以上となるように加力し、せん断強度を求めました。なお、

表７　せん断試験結果

（単位：N/㎟）

| | 板目 | 柾目 |
|---|---|---|
| 試験体数 | 30 | 30 |
| 最小 | 3.59 | 3.66 |
| 平均 | 5.44 | 5.49 |
| 最大 | 8.21 | 8.54 |
| 標準偏差 | 1.17 | 1.41 |
| 変動係数 | 21.6% | 25.7% |
| 危険率5%下限値 | 3.51 | 3.17 |

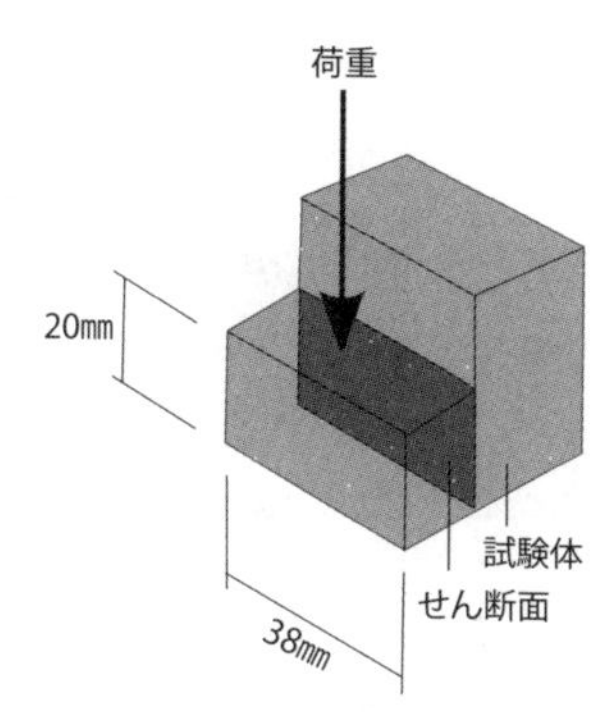


図３　せん断試験

せん断強度は、最大荷重÷断面積×（１／２）としました（図３）。

せん断試験結果を表７に示しました。「枠組み壁工法構造用製材の日本農林規格」における甲種２級の基準値は１・８Ｎ／㎟と定められていますが、板目面、柾目面ともこの値を満たしました。

## めり込み試験

38㎜×38㎜×長さ１１４㎜の板目面荷重用30体、柾目面荷重用30体、計60体を試験に供しました。インストロン製万能材料試験機を用い、長さ方向の中央部を加力しました。試験体の収縮量が加力方向の辺長の５％に達したときの荷重をめり込み荷重としました。加力面積は38㎜×38㎜としました（図４）。

めり込み試験の結果を表８に示しました。「枠組み壁

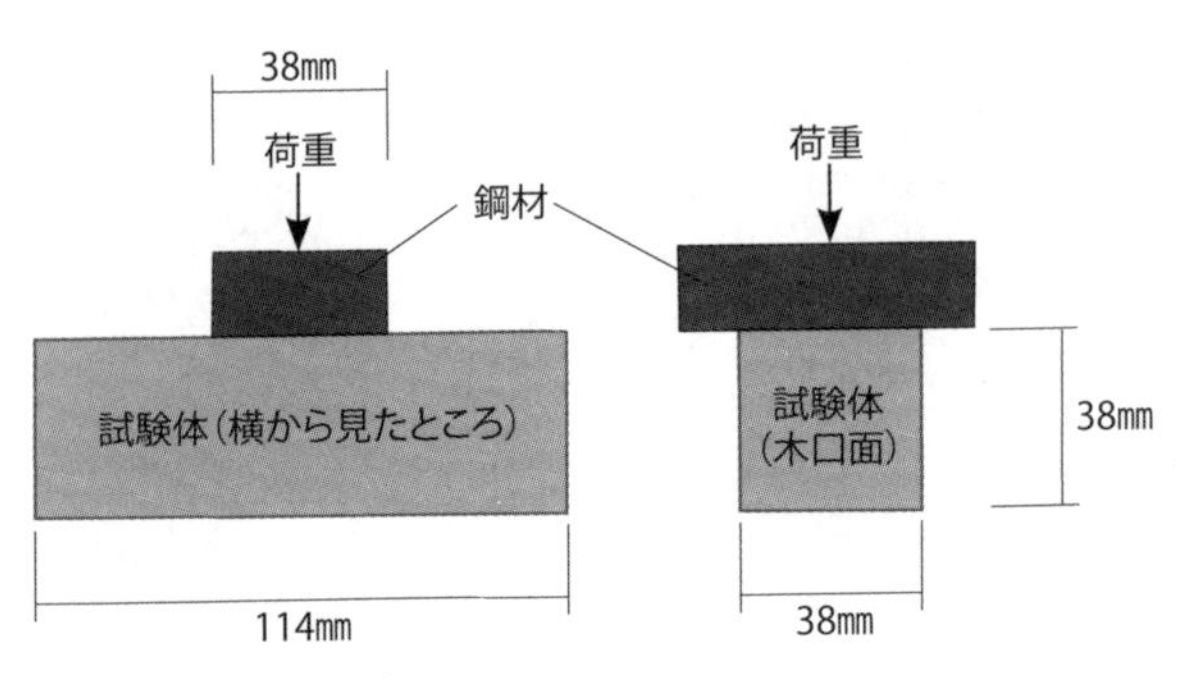


図４　めり込み試験

表８　めり込み試験結果

（単位：N/mm²）

| | 板目 | | 柾目 | |
|---|---|---|---|---|
| | 比例限応力 | めり込み強さ | 比例限応力 | めり込み強さ |
| 試験体数 | 30 | 30 | 30 | 30 |
| 最小 | 2.05 | 3.59 | 2.24 | 3.66 |
| 平均 | 3.44 | 5.44 | 3.69 | 5.49 |
| 最大 | 5.24 | 8.21 | 6.35 | 8.54 |
| 標準偏差 | 0.86 | 1.17 | 1.00 | 1.41 |
| 変動係数 | 25.1% | 21.6% | 27.2% | 25.7% |
| 危険率5%下限値 | | 3.5 | | 3.2 |

工法構造用製材の日本農林規格」では特に基準値を定めていませんが、３階建て建築物等において局部的にめり込み力が発生する場合に、問題となる場合が想定されます。特にスギのめり込み試験データが少ないことから参考値として値を示します。

## おわりに

曲げ、引張り、圧縮試験においては、ＳＰＦ材の基準強度とほぼ同等の値が得られましたが、木取りによっては低い値のものが見られました。製材・選別技術において、特に低いものを排除する技術が今後の課題です。

また別途実施した製品の工程調査結果では、今回の製材歩止りは49・2%となりました。製材後の仕上げ等のロスを考えると、さらに5%程度のロスが見込まれ、最終の歩止りは46・7%と見込んでいます。SPF材と競争するためには製材コストが重要な要素となってくることから、効率的な製材・選別方法は、大きな検討課題です。

今後、目視選別の技術向上に加え、機械を用いた等級区分の併用を視野に入れ、引き続きツーバイフォー部材へのスギの利用を検討していきたいと考えています。

参考文献

枠組壁工法建築物構造計算指針〈2007年〉：枠組壁工法建築物設計の手引構造計算指針編集委員会：

## 本書の著者

**遠藤 日雄**
鹿児島大学教授

**中村 昇**
秋田県立大学木材高度加工研究所教授

**池田 潔彦**
静岡県農林技術研究所 森林・林業研究センター
木材林産科長

**永井 智**
兵庫県立農林水産技術総合センター
森林林業技術センター木材利用部主任研究員

**豆田 俊治**
大分県農林水産研究指導センター林業研究部
木材チーム主任研究員

**村田 光司**
独立行政法人森林総合研究所加工技術研究領域長

**小田 久人**
宮崎県木材利用技術センター副所長兼材料開発部長

**坂田 和則**
徳島県立農林水産総合技術支援センター
次世代林業戦略担当上席研究員

林業改良普及双書 No.179

# スギ大径材利用の課題と新たな技術開発

2015年2月20日　初版発行

著　者 —— 遠藤日雄　中村　昇　池田潔彦　永井　智
豆田俊治　村田光司　小田久人　坂田和則

発行者 —— 渡辺政一

発行所 —— 全国林業改良普及協会
〒107-0052 東京都港区赤坂1-9-13 三会堂ビル
電 話　03-3583-8461
FAX　03-3583-8465
注文FAX　03-3584-9126
H P　http://www. ringyou. or. jp/

装　幀 —— 野沢清子（株式会社エス・アンド・ピー）

印刷・製本 —— (株) 丸井工文社



2015 Printed in Japan
ISBN978-4-88138-320-9

林業改良普及双書　既刊

180 中間土場の役割と機能
遠藤日雄、酒井秀夫ほか　著
造材・仕分け、ストック、配給、在庫調整、管理組織整備による価格交渉、与信、情報共有の機能を各地の事例から紹介。

179 スギ大径材利用の課題と新たな技術開発
遠藤日雄ほか　著
大径材活用の方策と市場のゆくえを整理し、「積層接着合わせ梁材」等、各地で進む新たな木材加工技術開発を探る。

178 コンテナ苗　その特長と造林方法
山田　健ほか　著
期待されるコンテナ苗。その特長から育苗方法、造林方法、省力・低コスト造林の手法まで理解する最新情報をまとめた。

177 協議会・センター方式による所有者取りまとめ—森林経営計画作成に向けて
全林協　編
協議会・センターなどの地域ぐるみの連携組織で、取りまとめや集約化、森林経営計画作成等を行う効率的実践手法。

176 竹林整備と竹材・タケノコ利用のすすめ方
全林協　編
放置竹林をタケノコ産地、竹材・竹炭・竹パウダー、整備を行い市民のフィールドとして活用する等の事例を紹介。

175 事例に見る　公共建築木造化の事業戦略
全林協　編
予算確保、設計・施工工夫、耐火、設計条件規制のクリアなど、公共建築物の木造化・木質化に見る課題と実践ノウハウ。

174 林家と地域が主役の「森林経営計画」
後藤國利　藤野正也　共著
森林経営計画制度と間伐補助について、どのように活用するか、実践者の視点でまとめた。

173 将来木施業と径級管理—その方法と効果
藤森隆郎　編著
従来の密度管理の考えではなく目標径級を決めて行う「将来木施業」とは何かを、事例を紹介しながら解説。

172 低コスト造林・育林技術最前線
全林協　編
伐採跡地の更新をどうするか。人工造林による持続する森づくりのための低コスト技術による実証研究を概観。

※定価／本体1,100円＋税

171 **バイオマス材収入から始める副業的自伐林業** 中嶋健造 編著

地域ぐるみで実践する「副業的自伐林業」。収益実現が可能な仕組みと地域興しへの繋がりを紹介。

170 **林業Q&A その疑問にズバリ答えます** 全林協 編

林業関係者ならではの疑問・悩みに、全国のエキスパートが聞き役となり実践的にアドバイス。

169 **「森林・林業再生プラン」で林業はこう変わる！** 全林協 編

再生プランを地域経営、事業体経営にどう生かすか。経営戦略、施業、材の営業・販売の実践例。

168 **獣害対策最前線** 全林協 編

シカ、イノシシ、サル、クマなどの獣害に悩み、解決に向けて懸命の活動をつづける現地からの最前線レポート。

167 **木質エネルギービジネスの展望** 熊崎 実 著

海外の事情も紹介しながら木質エネルギービジネスについて展望したもので、新しい技術も解説している。

166 **普及パワーの施業集約化** 林業普及指導員＋全林協 編著

団地化、施業集約化に向けての林業再生戦略を普及活動の主導により進める手法について、実践例を基に紹介。

165 **変わる住宅建築と国産材流通** 赤堀楠雄 著

住宅建築をめぐる状況や木材の加工・流通などがどう変わってきたのかを、現場の取材を踏まえて明らかにする。

164 **森林吸収源、カーボン・オフセットへの取り組み** 小林紀之 編著

地球温暖化対策の流れとともに、拡がる森林吸収源の活用、カーボン・オフセットなどへの取り組みを紹介。

163 **間伐と目標林型を考える** 藤森隆郎 著

管理目標を「目標林型」として具体的に設定するための考え方、そこへ向かう過程としてのよりよい間伐を解説。

## 全林協の本